UWE BREMER

Curiosa der Galaxis

Bilder und Notizen

F. Coppenrath Verlag

Die Abbildungen der Tafeln 11–14 entnahmen
wir dem, im Verlag der Galerie Schmücking
erschienenen, vom Verf. aber inzwischen verworfenen
(vgl. „Bekenntnis" S. 82) Atlantis-Bericht.

ISBN 3-88547-207-4
VVA-Nr. 297/00207-0
© 1983 F. Coppenrath Verlag, Münster
und Galerie Steinrötter, Münster
Alle Rechte vorbehalten, auch auszugsweise.
Druck: Druckhaus Cramer, Greven
Buchbinderische Verarbeitung: Klemme & Bleimund, Bielefeld
Printed in W.-Germany

Für Euch,
Ihr Freunde inner-
und außerhalb des
Sonnensystems, deren
aufmunternder Hilfe und
Unterstützung ich bedurfte,
um dieses Buch
vorlegen zu
können!

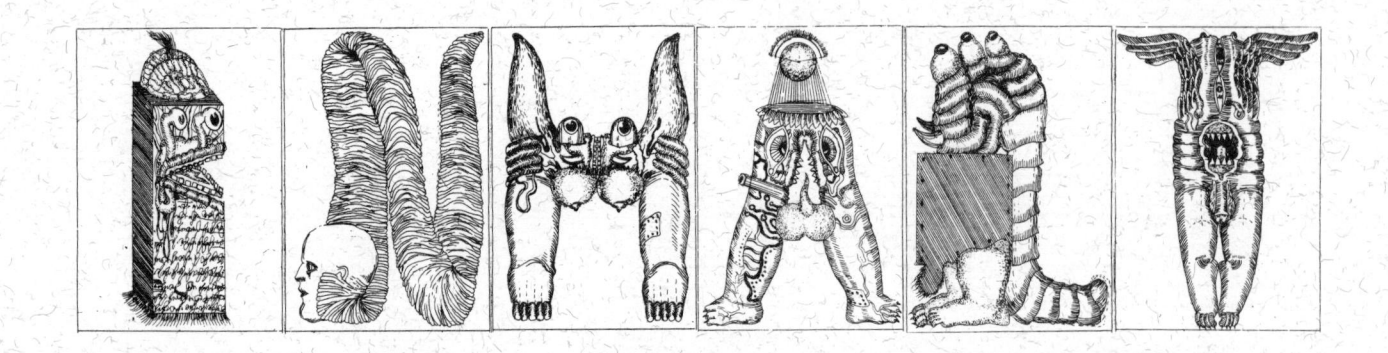

Notizen:

	Seite		Seite
Einige Gedanken	5	In einer Sternfahrerwirtschaft	38
Merkur, Venus	8	Die Geschichte vom Sonderling	73
Erde, Mars, Jupiter	9	Die Geschichte vom Kommandeur	77
Saturn, Uranus	10	Die Geschichte von einem Professor	79
Neptun, Pluto	11	Bekenntnis	82
Ein notwendiger Nachtrag	12	Der Meteor	82
„ALTER KAPITÄN"	15	Sonnencyclopaedie	91
Im Haupthaar der Berenice	22	Vier Briefe von Wieland Schmied	97
Zuben-el-schemali	34	Der Verfasser	100

Bildtafeln:

1 Zeit-Maschine, Verlag Galerie Steinrötter, Münster
2 Darstellung des Planeten Mars, Mappe Curiosa der Galaxis
3 Darstellung des Planeten Jupiter, Mappe Curiosa der Galaxis
4 Darstellung des Planeten Saturn, Mappe Curiosa der Galaxis
5 Ein notwendiger Nachtrag
6 Partus Difficilis, Mappe De Mutantis Verlag Galerie Brockstedt, Hamburg
7 Gigantomutanus, Mappe De Mutantis, Verlag Galerie Brockstedt, Hamburg
8 Brütende Androidin, Verlag Galerie Schäfer, Gießen
9 Primaten und Roboter, Verlag Galerie Rosenbach, Hannover
10 Nördlicher Sternenhimmel, den 14. März 2350, Mappe „Vierte Dimension", Verlag Galerie „die insel", Worpswede
11 Animantium phantasticum, Mappe „Atlantis", Verlag Galerie Schmücking, Braunschweig
12 „Die Sonneninseln", Mappe „Atlantis", Verlag Galerie Schmücking, Braunschweig
13 „Wie groß ist die Entfernung ...", Mappe „Atlantis", Verlag Galerie Schmücking, Braunschweig
14 „Der Sündenfall", Mappe „Atlantis", Verlag Galerie Schmücking, Braunschweig
15 „Schwerwasserling", Mappe 1ste Sonnencyclopaedie, Verlag Galerie Hilger, Wien
16 „Sonnenweibling", Mappe 1ste Sonnencyclopaedie, Verlag Galerie Hilger,

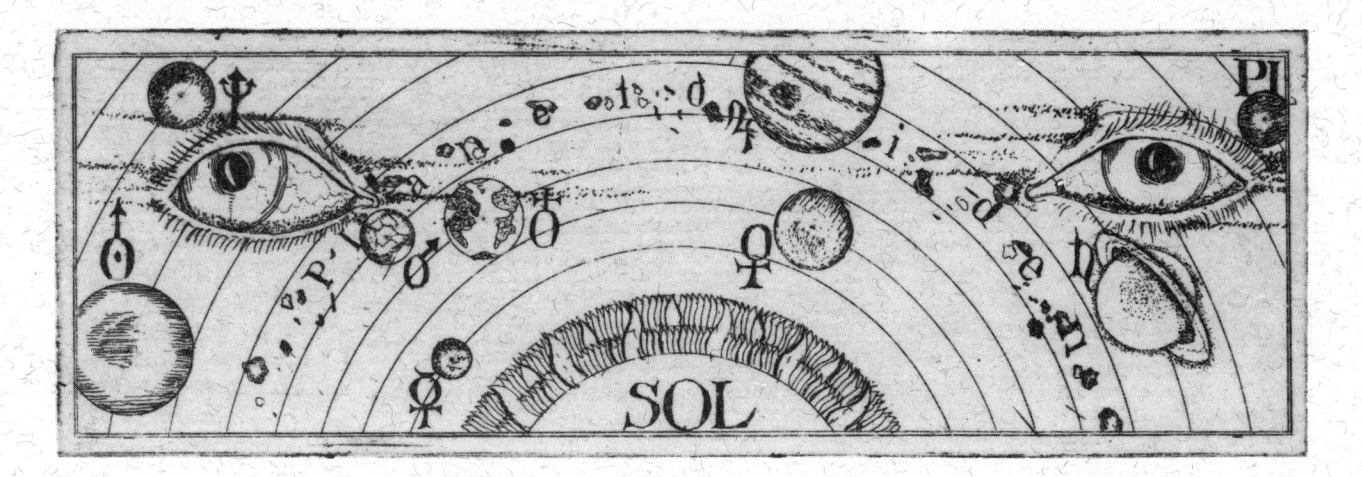

Einige Gedanken, Raum und Zeit betreffend.

liphers Theorie, nach der sich das Weltall mit einem Luftballon vergleichen läßt, der sich ständig aufbläht, können wir nicht folgen, selbst wenn Hubble ihn hierin bestärkt und das, obwohl Einstein recht hat, indem er erklärt, daß der Mensch seinen eigenen Hinterkopf sehen müßte, so er geradeswegs zum Himmel aufschaue und gebührend lange warte.

Die Zahl diesbezüglicher theoretischer Modelle ist Legion, doch allen haftet der Makel der Fehlerhaftigkeit an. Der Leser möge verzeihen, wenn er hier mit einigen gänzlich neuen Ideen konfrontiert wird, Gedanken allerdings, die ihm vorzuenthalten der Verfasser weder das Recht hat noch die Neigung verspürt:
Die Gestalt des Universums gleicht der Walze eines altmodischen Grammophonapparates. Die Walze ist hohl.
Sie besteht aus Zeitpartikelchen (Geonen), die sich in rillenförmigen Anordnungen um den Walzenkörper ziehen.[1]
Jede dieser Rillen stellt einen möglichen Zustand des Universums zwischen Uratom, Expansion und Kollaps dar. Das Gebilde ähnelt mehr einem Gedanken denn einem festen Körper. Auf allen Rillen erklingt die gleiche Melodie – wenn auch mit kleinen Variationen.[2] Die Walze rotiert mit Lichtgeschwindigkeit im Hyperraum.[3] Die Geonen, die die Oberfläche der Walze bilden, bleiben durch die ihnen innewohnende Trägheit hinter dieser Geschwindigkeit zurück. Während wir durch den trägen Fluß der Geonen sowie durch die Fixierung auf die jeweilige Rille in der Zeit gefangen sind, würde sich, könnte man aus dem eigenen Geonenstrom aussteigen und sich quasi in den Hyperraum hinausschwingen (ein Ausdruck, der sehr ungenau ist, da die Entfernung zum Hyperraum Null ist), das Bild der Welt aufs merkwürdigste verändern.

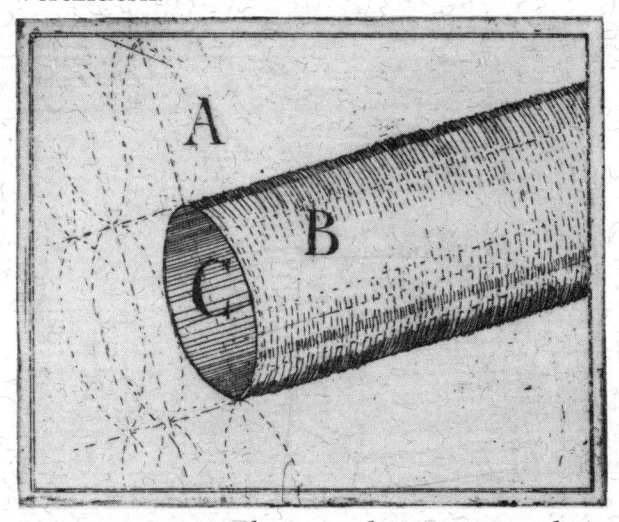

In jenem Raum gibt es weder Vergangenheit noch Zukunft, hier geschieht alles gleichzeitig und andauernd, in ewiger Gegenwart. Nun wäre es die Aufgabe des Reisenden, hier und da in den Geonenstrom einzutauchen, um sich die verschiedensten Bilder von der Beschaffenheit des Universums während der unterschiedlichsten Zeitläufe und Umstände einzuprägen. Irgendwann wieder zu seinem Ausgangspunkt zurückgekehrt, würde er feststellen, daß seit dem Betreten des Hyper-

raums Zeit in der Größenordnung Null vergangen ist, befand er sich doch während seiner Exkursion außerhalb derselben.
Wie aber dorthin gelangen?
Die einfachste Möglichkeit wäre das Durchbrechen der Lichtgeschwindigkeit.[4] Leider scheint das technisch noch nicht machbar.[5]
Auch könnte man versuchen, einen Zeitstrudel ausfindig zu machen. Diesen findet man hie und da im Bermuda-Dreieck, aber auch das Lindbergh-Baby soll einem solchen zum Opfer gefallen sein, ebenso erging es einem Familienvater aus Münster, der auf dem Weg zum Zigarettenautomaten in einen Geonenstrudel geriet und nie wieder gesehen wurde.
Die dritte Möglichkeit ist der Tod. Der Geist begibt sich in den Hyperhimmel.[6] Eine Möglichkeit, die beschleunigt herbeizuführen es dem Verfasser infolge jugendlichen Alters, hochfliegender Pläne und nicht vorhandener Rückreisechance an der notwendigen Keckheit gebrach.
Als er, über derlei Probleme nachdenkend, durch die reizenden Gäßchen des Fleckens Bischleben schlenderte, begegnete dem Verfasser das Glück in Gestalt eines wohlgekleideten jungen Herrn.

Die untadelige Haltung des stattlichen Mannes war leicht gebeugt, als sei er vor nicht allzu langer Zeit eines Rückenleidens genesen. Er hatte regelmäßige, angenehme Züge und leicht kurzsichtige Augen, die mit einer zierlichen Brille bewehrt waren. Seine Lippen enthüllten regelmäßige Zähne, deren Färbung ihn als Genießer edler Havannas auswies. Auffallend waren die Ohren, die, von großem Wuchs, im Gegenlicht einen seltsamen, rosafarbenen Glanz ausstrahlten.
Der Fremdling überreichte dem Verfasser drei Gegenstände, die für seinen weiteren Lebensweg wichtig werden sollten: Eine kleine Maschine, die stabförmig aussah und entfernt an ein Feuerzeug erinnerte, eine zweite Apparatur, dem geheimnisvollen Äußeren einer Fliegenpatsche nicht unähnlich, sowie ein Fläschchen voll eines güldenen Elexiers, von dem der Spaziergänger behauptete, es stamme aus Schottland, wozu er rief: „Warte auf eine Vollmondnacht, nimm in die linke Hand zehn Stücke mit Zeichen bedeckten Papiers, stelle den Brennstab vor dich auf den Tisch, fülle ein Glas mit meinem Elexier und setze es neben den Stab, nimm in die rechte Hand die Geonenpatsche und rufe: siebenundzwanzig!"
Aus dem hinteren Teil seines Beinkleids zog er ein Fläschchen, welches dem meinen zum Verwechseln ähnlich sah, setzte es an die Lippen, trank und war verschwunden. Nur der zarte Glanz seiner großen Ohren hing noch geraume Zeit über den schmalen Gassen Bischlebens.
Ungeduldig den Vollmond erwartend, hatte der Verfasser den Tisch für das oben beschriebene Experiment vorbereitet.
Lange blieb der Mond hinter den Wolken verborgen, mehrmals mußte die ermüdete Hand von der Geonenpatsche lassen, um zum stärkenden Elexier zu greifen, doch schließlich geschah es: Der Mond erstrahlte am Himmel, die Wand der Geonen zerriß und der Weg in den Hyperraum öffnete sich.

*

Zurückgekehrt wird der Verfasser es nicht versäumen, Dinge, die er gehört und gesehen, in Kupfer zu graben und, wo nötig, durch seine Reisenotizen zu ergänzen, um so dem geneigten Betrachter Kunde zu tun von einer Welt, die kennengelernt zu haben dem Wissen desselben nicht abträglich sein kann. Jeder Himmelskörper hat seine bewohnte Epoche, selten aber gleichzeitig und nie über sehr lange Zeit.
Im Hyperraum, gleichsam mit flinkem Auge um mich schauend, notierte ich Wissenswertes und Kurioses, welches ich auf den zehn Planeten des Sonnensystems während verschiedener Zeitläufe erblickte.

[1] Die Zahl der Rillen ist unendlich. Zwischen den Rillen wölben sich Geonenstrudel.

[2] Der Verfasser z.B. fand sich in der einen Welt als Profiboxer, in der nächsten als Bauer, wiederum in der nächsten als Sänger, während er in einer anderen gar nicht geboren wurde, da sein Vater, er war Kapitän, einem Attentat erlag, als er meuternde Mohren von Afrika in die Neue Welt verfrachten wollte, um sie dort als Sklaven zu verkaufen.

[3] Das Medium, das das All umgibt, nennen wir Hyperhimmel, dasjenige in seinem Inneren Hyperhölle.

[4] Jeder Körper, der die Lichtgeschwindigkeit durchbricht, befindet sich im Hyperraum.

[5] Das erscheint merkwürdig, wenn man bedenkt, daß bereits im Jahre 1995 das Durchbrechen der Lichtgeschwindigkeit zum Alltag gehören wird und daß schon im Jahre 1986 das schnellste muskelbetriebene Fahrzeug der Welt, der Kriehnsche Pedimanipulator, 50% der Lichtgeschwindigkeit erreichte. Ein Jahr später erreichte der verbesserte Bremer-Kriehnsche Pedimanipulator bereits 77% der Lichtgeschwindigkeit, wobei der Verfasser nicht ohne Stolz darauf hinweist, daß er Gelegenheit hatte, sein bescheidenes Wissen in diese Entwicklung einbringen zu dürfen.

[6] So der Reisende das Glück auf seiner Seite hat.

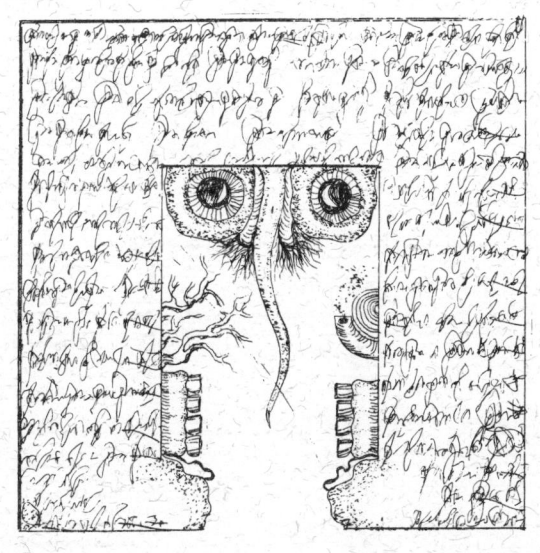

MERKUR

Während sich der Merkur in unserer Zeit als zu warm und zu klein zeigt, um Leben entstehen zu lassen, wird er in etwa 100 Millionen Jahren eine große Bevölkerungsdichte aufweisen.

Die Erde wird dann ein kalter, lebensfeindlicher Planet sein. Über das Schicksal ihrer Bewohner möchte der Verfasser lieber den Mantel der Barmherzigkeit gebreitet wissen.

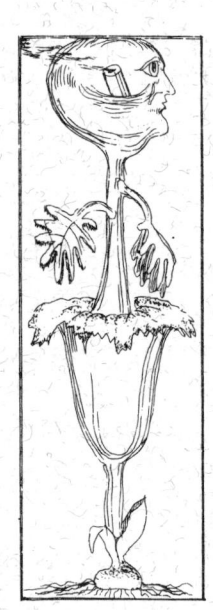

Bei Ausflügen in die Nachbarschaft fielen den Merkuriern Bruchstücke alter Standbilder aus Terra in die Hände. Nach diesen Unterlagen versuchten sie, Terraner zu rekonstruieren.

Irrtümlicherweise hielten sie die Menschen für Pflanzenwesen. Niemand wird es dem Verfasser verübeln, wenn er berichtet, daß er sich beim Anblick dieser Rekonstruktionen eines Lächelns nicht erwehren konnte.

Die Merkurier scheiden reines Benzin aus, das ihnen u.a. als Treibstoff für fliegende Untertassen sehr gelegen kommt.

VENUS

Eher als Voyeurismus muß man das Interesse bezeichnen, das die Menschheit von jeher der Venus entgegenbrachte. Zeitweise von Irdischen kolonialisiert, konnte die Venus erst nach dem Verschwinden derselben zur Trägerin selbständigen Lebens werden. Nur am Himmel werden noch einige Überbleibsel von Vergangenem Zeugnis ablegen.

Den Zeitpunkt des abgebildeten Geschehens müssen wir leider in nicht allzu ferne Zukunft, ca. 7 Millionen Jahre n.d.Z. datieren.

Das Grundnahrungsmittel der Venusier ist ein merkwürdiges Lebewesen. Das Tier schwebt, scheinbar schwerelos, in den unteren Schichten der Venusatmosphäre. Es besteht aus feinstem Fleisch, ähnlich dem unseres Krebses, auf seinem Rücken wachsen zwei Kegelstümpfe aus reinem Zucker. Das zum Teil hohle Innere ist mit einer spinatähnlichen Substanz angefüllt.

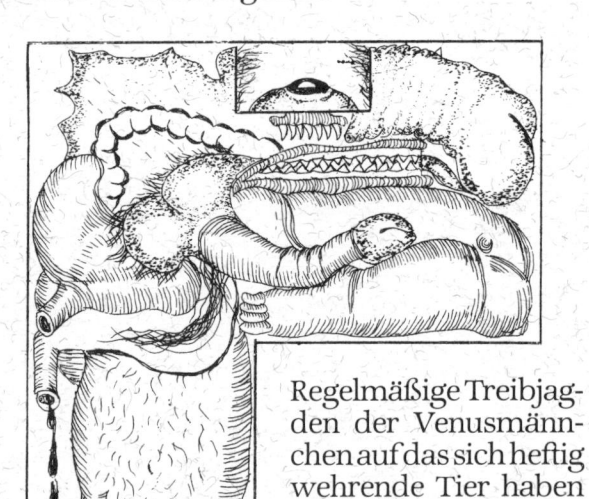

Regelmäßige Treibjagden der Venusmännchen auf das sich heftig wehrende Tier haben zur Folge, daß beide Populationen in vernünftigem Umfang reduziert werden.

Im Gegensatz zur Frau ist das Männchen nur ca. 20 cm groß, zeichnet sich jedoch durch außerordentliche Kraft, Geschicklichkeit und auch Intelligenz aus.

Die Sprache der Venusier besteht aus einem komplizierten System von Duftsignalen.

ERDE

Das Leben auf der Erde zu kommentieren sowie mich über Sitten und Gebräuche auf Terra an dieser Stelle zu verbreiten, möchte ich mir aus naheliegenden Gründen ersparen. Unendlich ist die Vielzahl der Lebewesen auf der Erde.

Wer kann es dem Verfasser verdenken, beispielhaft hier dasjenige abzubilden, das ihn stets in treuer Ergebenheit begleitete und ohne das er manche schwierige Situation gewiß nicht gemeistert hätte.

MARS

Vor ungefähr 100000 Jahren herrschte rege Betriebsamkeit auf dem Mars. Gewisse Ähnlichkeiten deuten darauf hin, daß die Martier bei der Entwicklung irdischen Lebens Pate gestanden haben, wie denn auch Sprache und Schrift durchaus an manche unserer Idiome erinnern.

Als auf dem Mars die Rohstoffreserven zur Neige gingen, züchteten tüchtige Biologen Sklavenwesen, die auf den Planetoiden, hier auf Ceres, immer neue Reserven ausbeuteten. Die automatischen Sklaven verstanden es, sich selbst zu vermehren, und sie sicherten Jahrzehntausende lang den Wohlstand auf dem Planeten. Leider waren sie es auch, die im großen Sklavenaufstand des Jahres 500423 m.Z. die gesamte martische Bevölkerung ausrotteten. Danach, ihres Lebenssinnes beraubt, stürzten sie sich in die Sonne, wo sie bis auf die letzte Automatenschaltung verglühten.

Ich freue mich, Ihnen mitteilen zu dürfen, daß der martische Wissenschaftler uns nebenstehendes Manuskript (das Tun und Treiben auf dem Mars betreffend) zur Veröffentlichung überließ.

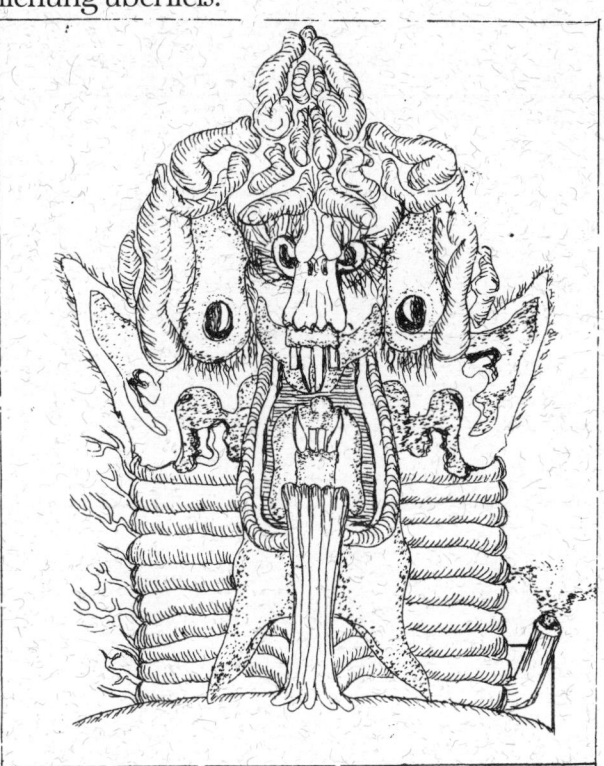

JUPITER

Die Jupiterbewohner leben, bisher unbemerkt, zu gleicher Zeit wie wir. Da sie in den unteren Schichten der überaus dichten Atmosphäre ihr Leben fristen, sind sie schwer zu finden.

Mit der Entdeckung starker Radiogeräusche am 5. April 1955 (durch B. F. Burke und K. L. Franklin) hätte man frühzeitig auf die Ulunt Khazul, wie sie sich selber nennen, aufmerksam werden können. Es dauerte aber noch bis zur Jahrtausendwende, bevor erste Kontakte geknüpft wurden. Später, nach anfänglichem Mißtrauen, entwickelte sich reger Verkehr zwischen beiden Planeten.

Ulunt Khazul:
Höhe ca. 17 Chpzix. Lebt von Jagd (auf Skalpat) und Fischfang (Karpfen). Trinkt Ammoniak. Man unterscheidet zwischen Mann, Halbmann und Frau. Der Halbmann muß die Frau wenige Pktuf (Stunden) nach dem Mann befruchten. Der H. nimmt eine wichtige Position im Geschlechtsleben auf dem Jupiter ein: er hat einen Antigravitationsantrieb.

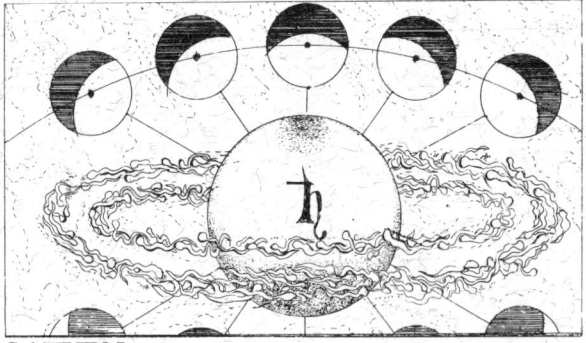

SATURN
Bewohner:
3köpfiger gemeiner Saturnit. Höhe ca. 1203 m. Gewicht ca. 300 t. Ißt Eis. Lebt hauptsächlich von Schwerindustrie. Während der Planet den Männern vorbehalten ist, leben die Frauen auf den zahlreichen Monden. Zur Paarungszeit schleudert der Mann seinen Samen auf einen der Monde. Verfehlt der Samen sein Ziel, kreist er als Satellit um den Planeten.

So entstanden im Laufe der Jahrmillionen die Ringe des Saturns.

Wir sollten nicht den Stab über eine Rasse brechen, selbst wenn Sitten und Bräuche uns manchmal mit Befremden, ja sogar mit Abscheu erfüllen. Kommt uns z.B. die Behandlung des weiblichen Geschlechts auf dem Saturn ungerecht vor, so müssen wir folgendes bedenken. Ein Planet von der Kälte und Unwirtlichkeit des Saturns bedarf dringend der Schwerindustrie. Diese wiederum hat zwangsläufig gewisse Belastungen für die Umwelt zur Folge. Um für gesunden Nachwuchs sorgen zu können, mußten die Frauen schließlich umgesetzt werden.

Schweren Herzens wurde hier ein Weg beschritten, den zu meiden gewiß alle Beteiligten mit Freude erfüllt hätte.

Im übrigen führen die Frauen auf den Monden ein recht zufriedenes Leben. Ausreichende Versorgung ist vorhanden, ihre Körper sind der Umgebung mustergültig angepaßt und die Mutterschaft ist ihre größte Freude. Die Söhne werden in kleine Gondeln gesetzt und einzeln zum Zentralplaneten gebracht, wo die Väter ungeduldig auf sie warten. Die Töchter verbleiben auf den Monden und werden liebevoll auf ihre Aufgaben als Frau und Mutter vorbereitet.

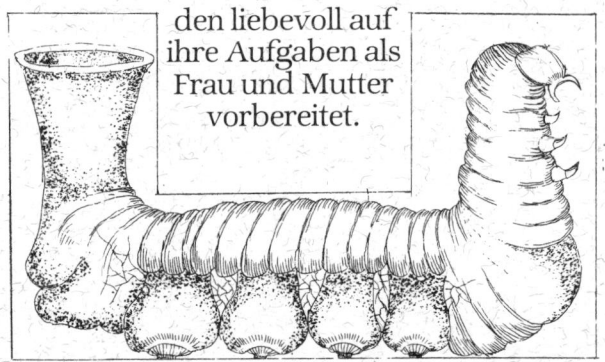

URANUS
Zu kalt erscheint uns Uranus zum Entstehen organischen Lebens. Tatsächlich entstand die abgebildete Spezies auch erst in der Zeit, als unsere Sonne sich in einen roten Riesen verwandelte. So erklärt sich wohl der kleine Wuchs bei großem Gewicht. Wenig Zeit hatte diese Rasse, um heranzureifen. Es scheint, daß die Evolution sich nicht die Muße nahm, verschiedene Geschlechter zu entwickeln. Auch das Auftreten wenig benutzter Glieder spricht hier eine beredte Sprache. Als die Sonne dann zum weißen Zwergstern zusammenschrumpfte, wanderten die Uranitter aus. In der Gegend des Aldebaran führten sie noch Jahrmillionen lang ein glückliches, erfülltes Leben.

Während das Leben auf Uranus also erst sehr spät entstand, war der Satellit Oberon selber ein Lebewesen. Vor der Kälte geschützt durch einen dicken Eispanzer, hatte sich in seinem Inneren ein merkwürdiger Organismus entwickelt. Nur einige Sinnesorgane ragten aus der trostlosen Eiswüste, um das Lebewesen mit Eindrücken zu versorgen. Es scheint, als ob das Lebewesen diese Wahrnehmungen quasi als Nahrung in sich aufnahm und davon lebte.

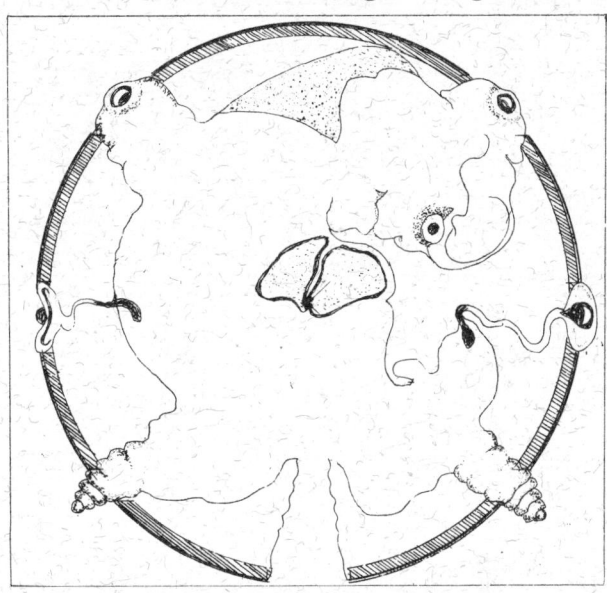

NEPTUN

Die Frauen auf Neptun sind kürbisgroße Früchte, die auf Bäumen wachsen und vom Manne je nach Bedarf gepflückt werden können. Ist Nachwuchs erwünscht, führt der Mann die Frau die üblichen 9 Monate lang in seinen Kehltaschen mit sich.
Ähnliches wie über den Saturn läßt sich auch über den Neptun sagen. Allerdings scheint das weibliche Geschlecht hier von der Natur schlechter ausgestattet als das männliche. Ein Zusammenhang zwischen der Sonnenentfernung und der Beschaffenheit des Weiblichen läßt sich indes daraus nicht konstruieren. Nie sollte sich der Forschungsreisende dazu verleiten lassen, voreilige Schlüsse zu ziehen. Zu berichten, was er gesehen, nicht dessen Wertung ist seine Pflicht. Es steht dem Leser jedoch frei, aus dem Berichteten eigene Schlüsse zu ziehen. 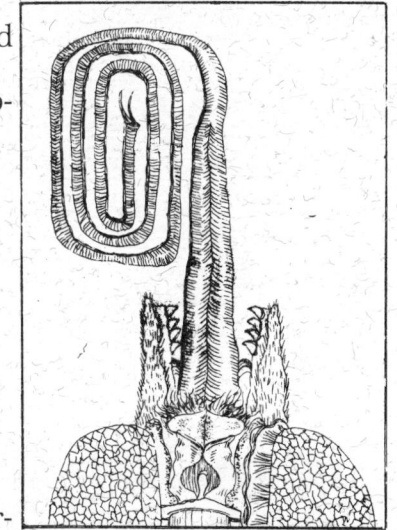
Der größte Feind der Neptunier ist der rechts abgebildete Räuber. Mit Hilfe seines Rüssels pflegt er die an den Stauden hängenden F. auszusaugen. – Nicht nur die alten, zur Fortpflanzung ungeeigneten sind seine Opfer, nein, mit Vorliebe scheint er seine Freßgier an den jungen, soeben erblühten Frauen zu befriedigen. Unermeßlicher Schaden wird so dem neptunischen Volke zugefügt. Obwohl hohe Kopfprämien auf den feigen Schädling ausgesetzt wurden, ist es nie gelungen, diese Art ganz auszurotten.

PLUTO

Die Plutonier legten um ihren Planeten einen unsichtbaren, undurchdringlichen Schutzring. Spekulationen, nach denen die Plutonier ihrer abschreckenden Häßlichkeit wegen anderen Wesen ihren Anblick ersparen wollen, entbehren jedoch jeglicher Grundlage. Naheliegender erscheint hier der von Prof. Dr. Roitensteiner geäußerte Verdacht, daß die Plutonier einfach ihre Ruhe haben wollen.

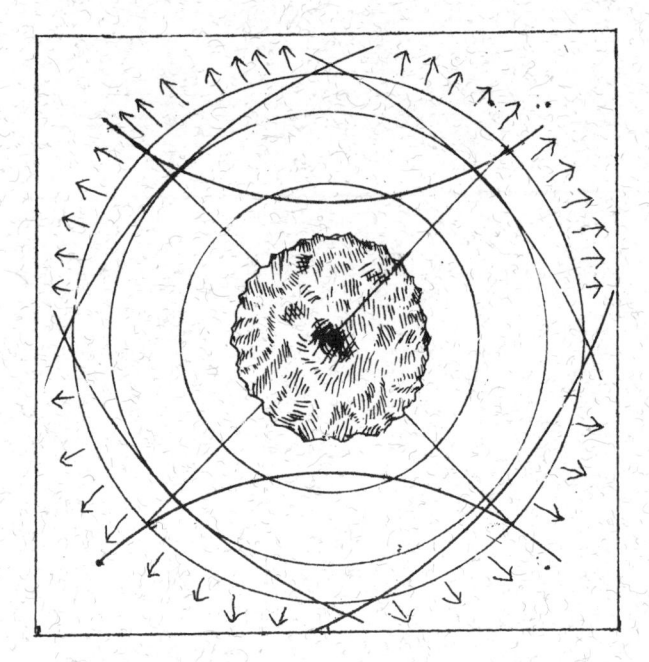

Für den im Hyperraum Reisenden kann es natürlich keinen wie auch immer gearteten Schutzschild geben. Allein die Sympathie zu den hier Lebenden und ein tiefes freundschaftliches Gefühl sowie ein verpfändetes Wort hindern den Verfasser, das hier Erspähte auszuplaudern. So der Leser genug Anstand besitzt, möge er Verständnis für diese Handlungsweise empfinden.

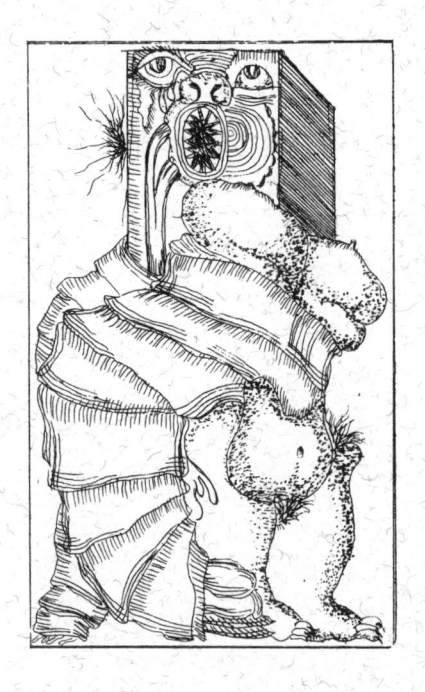

Ein notwendiger Nachtrag...

rst bei meinem Ausflug in den Hyperraum gelang es mir, eine Theorie zu beweisen, derentwegen ich häufig Zielscheibe des Spottes konservativer Wissenschaftler gewesen war. Meine Berechnungen erwiesen sich als richtig! Es gibt einen zehnten Planeten in unserem Sonnensystem. Als späten Triumph möchte ich ihm den von mir schon vor Jahrzehnten vorgeschlagenen Namen geben:
Janus.
Er befindet sich weit außerhalb der Bahn des Pluto, in einer Gegend also, die wir mit Fug und Recht als kalt und dunkel bezeichnen können. 
Umso erstaunter war ich, dort die höchstentwickelte der mir bekannten Kulturen vorzufinden.
Hier einige Notizen:
Der Janus kreiste ursprünglich auf der Venusbahn. Venus schlummerte noch im Jupiter. Die wetterkundigen Einheimischen waren es leid, von den Launen des Zentralgestirns abhängig zu sein. Sie katapultierten ihren Heimatplaneten an den Rand des Sonnensystems, um sich dort ihr eigenes Klima zu schaffen. Auf ihrer Reise begegneten sie dem Eisenplaneten Gigantus, der zwischen Mars und Jupiter seine Bahn zog. Geschickte Ingenieure legten ihn an die magnetische Kette und nahmen ihn mit in die Dunkelheit ihres Exils. Hier sollte er als Rohstofflieferant dienen, aber auch eine Riesensphäre bilden, die schalenförmig das Sonnensystem umschließt

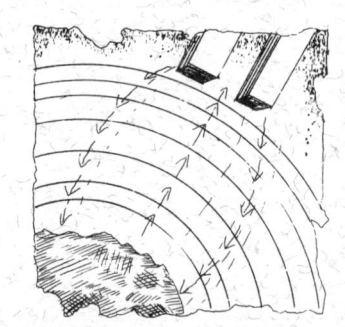

und so eine bessere Kontrolle aller inner- wie außerhalb des Systems stattfindenden Vorgänge ermöglicht. Auch sollten Versorgungssatelliten entstehen, um dem Janus Verschandelungen durch Ackerbau und Industrie zu ersparen.

Um dieses Ziel zu erreichen, war es nötig, den Riesenplaneten in Milliarden von Teile zu zerlegen, deren Größe zwischen Staubkorn- und Erdgröße variieren. Welche Methode, einen Riesenplaneten zu zerlegen, ist die wirksamste? Gigantus wurde dergestalt mit isoliertem Draht umwickelt, wie der Anker eines Elektromotors. Durch Stromstöße wurde eine gewaltige Spannung in dieser Wicklung erzeugt, daß sich die Rotationsgeschwindigkeit des Planeten so weit erhöhte, bis die eigenen Zentrifugalkräfte ihn zerrissen. Die so erzeugten Himmelskörper mußten nun nur noch sinnvoll angeordnet werden, eine Aufgabe, die, der Leser wird nicht daran zweifeln, von den Einheimischen mit größter Akkuratesse zu aller Zufriedenheit gemeistert wurde.

Es entstanden Agrar- und Industriesatelliten, sogar solche, die selber Robotereinheiten waren und wie riesige Lebewesen den Janus umkreisten, um ihn vor fremden Übergriffen zu schützen.

Doch wer sind eigentlich diese Meister der Ingenieurkunst? Wie sehen sie aus? Was sind ihre Gefühle? Wie ist ihr Alltag beschaffen? Einigen dieser Fragen bin ich nachgegangen und werde versuchen, sie nach bestem Wissen zu beantworten. Die Wesen zu beschreiben, die uns hier begegnen, ist wahrlich kein Kinderspiel, da sie ihre Gestalt nach Belieben zu verändern wissen. Die auf Tafel 5 abgebildete Gestalt scheint ihren Neigungen jedoch am ehesten zu entsprechen. Daß diese uns, besonders wegen des allzu stark ausgebildeten Gesäßes, nicht angenehm erscheint, ist eine andere Frage. Auch haben sie überaus stark entwickelte Geschlechtsteile, benutzen diese aber nur aus sportlichen Gründen und zum Lustgewinn. (Eine Unsitte, die auch bei uns auf der Erde immer weitere Verbreitung findet.)

Selbstverständlich sind die Janusier unsterblich, so daß es geraten scheint, auf jede Art der Vermehrung zu verzichten. Die Zahl der Anwesenden beträgt konstant fünfzig Milliarden.

Die Grundordnung auf dem Janus ist mustergültig demokratisch:

Da alle Versorgungsfragen einwandfrei funktionierenden Automaten überlassen werden, führten die Unsterblichen Jahrtausende lang ein sorgloses Leben als reiche Faulpelze, dann machte sich Langeweile breit, das Volk begann zu murren, Wirrköpfe verkündeten Heilslehren und revolutionäres Gedankengut stahl sich in janusische Gehirne. Weise Staatsmänner schafften Abhilfe, sie lösten das Problem auf folgende Weise: Alle 50 Jahre, Zeit spielt hier keine Rolle, findet eine Zentralverlosung statt, in der jedem Janusier eine neue Stellung innerhalb der Gesellschaft zugewiesen wird. So kann es passieren, daß ein und dieselbe Person nacheinander 50 Jahre lang Penner, dann Kanzler, darauf Multimillionär und schließlich Massenmörder wird. In der letzten Funktion z.B. wird er dann mehrmals zum Tode verurteilt, fleht jämmerlich um Gnade, wird aber, teils unter schrecklichen Folterqualen, hingerichtet. Er wacht alsbald wieder auf und schwelgt mit seinen inzwischen ebenfalls erwachten Opfern in Erinnerungen an die Szenen, die sie gemeinsam dargeboten haben, indem er etwa ruft: „Saubere Arbeit, mindestens dreißigmal habe ich zugestochen!" Worauf das Opfer kichernd erwidert: „Du mußt zugeben, ich habe auch nicht schlecht geschrien, mein Lieber."

Die abscheulichsten Verbrechen, wie Raubmord, Unzucht mit Abhängigen, Landfriedensbruch, Sexualmord, Leichenraub und

-schändung, Ehebruch, Diebstahl, Kuppelei, Giftmischerei, Fahrerflucht, Erpressung, Sodomie, Mißhandlungen aller Art, Verstümmelung, Unzucht mit Gleichgeschlechtlichen, Gotteslästerung, Widerstand gegen die Staatsgewalt, Abtreibung, Steuerhinterziehung, Vergewaltigung, Landstreicherei, Gattenmord, Blutschande, Umsturz, Totschlag, Verführung Minderjähriger usw., werden hier oft und gern verübt.

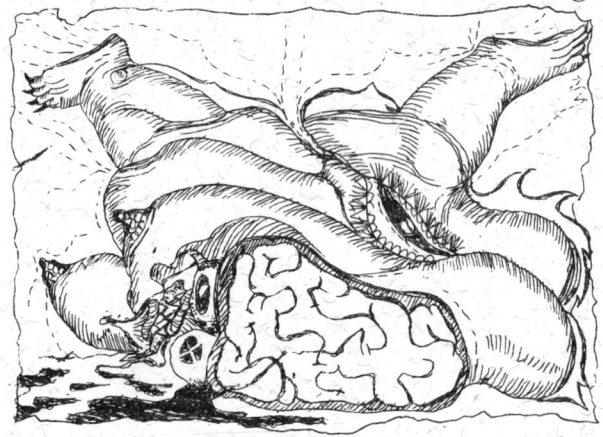

So wird das Volk aufs trefflichste unterhalten, die Presse hat einiges zu melden, es wird erregt diskutiert, die Schreckhaften erzittern, und doch nimmt niemand Schaden.

Man hört, daß die Janusier viel lieber das Los eines Bösewichtes ziehen als z.B. das eines Pfarrers oder eines Ministers, zumindest dann, wenn es sich hierbei um Ehrenmänner ihres Amtes handelt. Seltener, aber auch möglich ist die Verwandlung in ein wildes Tier oder in eine Pflanze.

Das einzige, was einen Janusier in Schwierigkeiten bringt, ist das Nichtbefolgen der ausgelosten Rolle. Er muß dann seinen Part so oft wiederholen, bis er ihn beherrscht. Ein Umstand, der ihn wieder dem Zustand nahebringt, den zu umgehen das Ganze angelegt ist.

Man erzählt z.B. die Geschichte jenes zartbesaiteten Sexualmörders, der immer seinem Opfer im entscheidenden Moment zuflüsterte: „Entschuldigen Sie, kleines Fräulein, im nächsten Leben mache ich alles wieder gut", und der damit sowohl sich selbst als auch seiner Partnerin die ganze Sache verdarb. Er mußte diese Rolle dreimal, und dann die nächste, die eines Herzchirurgen, zweimal wiederholen, da er es nicht lassen konnte, das eben Gelernte an seinen Patientinnen zu erproben, indem er ihnen das Skalpell wild ins Herz stieß, um sich dann, mit heruntergelassener Hose, unter den Augen der verdutzten Schwestern und Assistenten zu ihnen auf den Operationstisch zu verfügen.

An diesen Spielen sind durchschnittlich ca. 60% der Bevölkerung beteiligt. Weitere 30% befahren als Reisende die Riesensphäre. Ca. 9% widmen sich den schönen Künsten und der Wissenschaft, 0,9% beträgt der Krankenstand und das restliche 1/10% hält sich für Verwaltungsaufgaben sowie für die Aufrechterhaltung von Sicherheit und Ordnung bereit.

Die Heilung von Krankheiten ist denkbar einfach geregelt. Geht einem Janusier z.B. ein wichtiger Körperteil verloren, so kann er ihn auf folgende Weise wiedererlangen: Er gräbt sich, auf einem Bein stehend, bis zum Knie in reinen Mutterboden ein und verweilt dort, je nach Art der Verletzung, 1–3 Monate. Alles regeneriert sich, und der Schaden ist behoben. Das Geheimnis janusischer Technologie zu lüften, ist meinem schwachen Terranerverstand noch nicht gelungen. Ich werde mich aber nach besten Kräften bemühen, weiter in die Materie einzudringen, und zu gegebener Zeit darüber berichten.

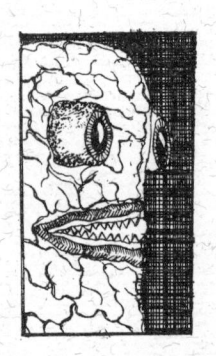

„ALTER KAPITÄN"

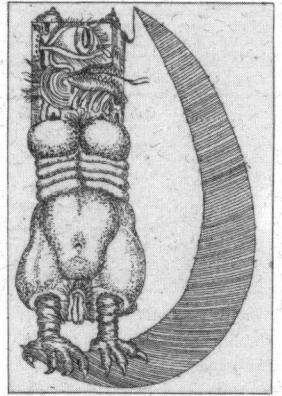

Die Gesichtsfarbe der Erwürgten oder Erdrosselten ist gewöhnlich blaurot. Der Kopf ist aufgedunsen und von strotzenden Adern bedeckt. Die Augäpfel quellen hervor und sind blutunterlaufen. Aus den klaffenden, geschwollenen Lippen ragt die vorgestreckte blauviolette Zunge.

Diesen Anblick hatte Dr. McRode befürchtet, als er sich mit seinem Einspänner auf den Weg machte. Der Arzt hatte sich vor kurzer Zeit aufs Land zurückgezogen, und er bereute diesen Schritt selten. Seine Praxis war klein und sein Leben bescheiden. Er, der die Technik haßte, hatte sein Auto verkauft. Er züchtete Pferde und Bienen und versuchte, ein einfaches, natürliches Leben zu führen.

Die Geräusche des Waldes, der Geruch seiner Pferde, das Summen der Immen, eine Tabakspfeife nach dem Frühstück und ein Glas Wein am Abend, wenn er gemeinsam mit seiner Frau im Garten den Sonnenuntergang beobachtete, das waren die Dinge, die er über alles liebte. Wie oft verfluchte er die zahlreichen Flugzeuge und Raumschiffe, die mit ihrem Getöse die Ruhe eines solchen Abends verminderten.

Heute war es das Läuten des Telefons gewesen. „Ich halt's nicht mehr aus, ich erhenke mich", hatte die grobe Stimme des alten Raumschiffkapitäns gelallt. Wütend machte McRode sich auf den Weg. Er hatte den alten Säufer in schlechter Erinnerung. Sie waren sich beim Frühschoppen in einer Kneipe im Nachbardorf das erste Mal begegnet.

„Sechs ALTER KAPITÄN!", hatte der Raumschiffkapitän gebrüllt – und als er den Arzt erblickte: „Sieben!"

Der Wirt beeilte sich, den Aquavit in die Gläser zu füllen.

Der Kapitän war ein schwerer, rotgesichtiger Mann mit jener deftigen Ausdrucksweise, wie sie unter Raumfahrern der ersten Generation so häufig anzutreffen ist. Er unterhielt die Gesellschaft, die aus ungefähr einem halben Dutzend Einheimischer bestand, mit gemeinen Witzen, zum Beispiel über die Beschaffenheit des Schamhaares bei den Aonesinnen. Gewöhnlich war er betrunken und grölte dann die Lieblingsweisen des Cockpits, etwa:

„Weit, ach so weit ist der Weg nach Atair, uah, uah, uah!" oder, unter rhythmischem Klatschen: „Meine Kleine auf Beteigeuze, hat leider keine Möse!"

Er hätte als Rauhbein recht sympathisch sein können, wäre er nicht so bösartig und erniedrigend Schwächeren, insbesondere seinem eigenen Sohn gegenüber gewesen.

Dieser war ein feingliedriger, zarter Jüngling asiatischen Typs. Die Mutter hatte den Säugling, als der Countdown bereits lief, zu seinem Vater ins Raumschiff geschoben und war seitdem verschollen. Die bildhübsche Chinesin war es leid, sozusagen als blaue Witwe auf unserem Planeten zu hocken und jahrelang der Rückkehr ihres sternenfahrenden Ehemanns zu harren. Die Wut über diese Tat ließ in dem Alten etwas wie Haß auf seinen Sprößling, dessen Aufzucht er fast ausschließlich seiner Roboter-Sklavin überlassen hatte, entstehen.

Dies alles wußte McRode noch nicht, als er sich zu dem Raumfahrer an den Tisch setzte. Man prostete sich zu und machte sich miteinander bekannt.

„Ah, Sie sind Arzt", brüllte der Kapitän, „dann kümmern Sie sich doch mal um meinen Hühnerficker von Sohn hier!"

Er schlug mit der flachen Hand kräftig auf den Rücken des stumm neben ihm sitzenden Jünglings.

„Er hat mit Frauen nichts am Hut. Er kümmert sich nicht um sie. Ich nahm ihn mit in den Puff, da waren vielleicht Hasen", er machte mit beiden Händen kreisförmige Bewegungen vor der Brust, „aber er will nicht vögeln, vielleicht gucken Sie sich mal seine Eier an!"

Die herumsitzenden und auf den nächsten ALTER KAPITÄN wartenden Bauern fielen meckernd in sein Gelächter ein, der herbeigeeilte Wirt füllte neuen Aquavit in die Gläser.

„Da, sauf!" Der Kapitän schob ein gefülltes Glas vor den Jüngling hin, der Sohn wurde rot unter seiner gelben Haut, blickte stumm auf die Tischplatte und schüttelte den Kopf.

„Saufen tut er auch nicht, der Schlappschwanz!", der Alte krümmte sich vor Lachen.

„Lassen Sie den Jungen doch, Herr Raumschiffkapitän", sagte Mc Rode, der die Situation als peinlich und abscheuerregend empfand.

„Schnauze, McRotz!"

Das war es. Diese Verballhornisierung seines Namens konnte der sensible Mediziner nicht ertragen. Er verließ das Lokal, ohne sein Glas geleert zu haben, und ging dem alten Raumschiffkapitän wo immer er ihm begegnete aus dem Wege. Traf er ihn im Kreisstädtchen, wechselte er die Straßenseite, sah er ihn im Supermarkt, ging er anderswo einkaufen, hörte er die laute Stimme aus einem Lokal dröhnen, so zog er es vor, wieder nach Hause zu gehen. Kurz, er mied den ruppigen Sternenfahrer, wo immer er konnte. Manchmal sah er aus dem Augenwinkel, wie der Alte von weitem auf ihn deutete, etwas sagte und in prustendes Lachen ausbrach.

Der ekelhafte Name wurde im ganzen Landkreis hinter vorgehaltener Hand weiter verbreitet. Sagte jemand, er habe Schnupfen, so wurde geantwortet: „Dann geh doch zu McRotz."

Wenn McRode dieses Gefühls mächtig gewesen wäre, dafür hätte er den Raumschiffkapitän gehaßt. Jetzt stand er, zum ersten Mal seit jenem Vormittag, seinem Widersacher gegenüber.

Der alte Raumschiffkapitän hatte seine letzte Reise angetreten. Er hing an einem Draht an dem Geweih eines siriusschen Einhorns in seinem mit Souvenirs aus allen Winkeln der Galaxis vollgestopften Arbeitszimmer.

Das untere Ende des Drahtes war tief in seinen Hals eingedrungen und mithin nicht zu sehen. Das obere Ende war mehrmals um das Einhorn-Horn gewickelt und sauber spiralenförmig zusammengedreht. Der Erhängte war kaum zu erkennen. Auf unheimliche Art war alles verkehrt, alles schien sich verdreht zu haben wie in einem Zerrspiegel.

Der Kopf des Sternenfahrers war geschrumpft, klein und hart wirkte er, wie ausgebeint. Die Gesichtsfarbe war weiß, Mund und Augen, krampfhaft geschlossen, bildeten wahllose Falten in wächserner Haut. Der Kopf war vollständig kahl. Der Hals, unnatürlich in die Länge gezogen, schien keine Knochen zu haben. Die Haut des Halses war großporig und unterhalb der Einschnürung, die sich durch den Draht gebildet hatte, mit roten Blasen und Auswüchsen bedeckt wie der Hals eines Truthahns.

Den schweren, birnenförmigen Körper verhüllte ein graues, schmuddeliges Nachthemd. Aus weiten Ärmeln ragten beinlose, wurmartig gewundene Finger. Eine Ausbuchtung im Stoff zeugte vom letzten Aufbäumen seiner Männlichkeit. Die Füße, die unten aus dem Nachthemd quollen, waren ekelhaft aufgedunsen, ihre Farbe war ein scheußliches Rosa, sie waren mit dicken, blauroten Adern überzogen. Auf den wurstartig aufgetriebenen Zehen glitzerten die Fußnägel wie winzige Glassplitter. Es schien, als sei alles Blut in diese wunderlichen Füße hinabgestiegen. Unter dem Leichnam auf dem Fußboden verbreitete sich in wirren Büscheln das Haupthaar des Toten.

McRode ging zum Fenster und erbrach sich in den Garten, dann stieg er auf einen Stuhl und machte sich daran, das obere Ende des Drahtes zu lösen. Mit einem dumpfen, schmatzenden Geräusch schlug der Leichnam auf dem Boden auf, quallig ausgebreitet verblieb er. Mit fliegenden Fingern versuchte McRode, die Knöpfe über der Brust zu öffnen, allein sie versagten ihm ihren Dienst. Mit einem Skalpell, das er seinem Ärztekoffer entnahm, begann er das Nachthemd über der Brust aufzuschneiden, er vermied den Blick auf die furchtbaren Füße. Dann schrie er auf: Unter

dem Stoff war keine Haut, aus dem Schnitt quoll eine schwarze, zähe, dem Rübenkraut ähnliche, sirupartige Masse.
Ein süßlicher Gestank erfüllte den Raum. Das Zeug begann sich zu drehen, es bildete einen Strudel, als flösse es in einen unsichtbaren Trichter. Der Arzt sah den Raumschiffkapitän sich auflösen, sah, wie der Schädel sich nach innen wölbte wie ein Ball, dem die Luft entzogen wird, sah die geschwollenen Füße schrumpfen bis sie sich umstülpten wie Handschuhe, welche der Hausvater zum Trocknen neben den Ofen gelegt. Alles verschwand in dem Strudel schwarzen Schleims, der in dem unsichtbaren Trichter versank, welcher sich an der Stelle gebildet hatte, an der McRode das Skalpell ansetzte. Immer schneller drehte sich der Strudel und riß den Schleim in den Trichter, dann war alles verschwunden – der alte Raumschiffkapitän hatte keine Spuren hinterlassen. McRode fiel in Ohnmacht. Als er wieder erwachte, fühlte er sich merkwürdig klar und frei. Er hatte das soeben Erlebte noch vor Augen, sein früheres Entsetzen hatte sich in Erstaunen und berufliche Neugier verwandelt. Er wußte, daß er Zeuge eines in der Geschichte der irdischen Medizin einmaligen Vorgangs geworden war. Er, McRode, würde dieses Geheimnis lüften, ihm, dem Landarzt, würde es vergönnt sein, das altehrwürdige Buch seines Handwerks um ein interessantes Kapitel zu bereichern. Ein seit seinem Umzug aufs Land nicht mehr gefühlter Ehrgeiz durchdrang ihn. Irgendwo in diesem Hause mußte die Lösung des Rätsels verborgen sein, möglicherweise sogar in diesem Raum. Er begann systematisch das Arbeitszimmer zu durchsuchen.
Überall bot sich das gleiche Bild: Das Zimmer war vollgestopft mit Andenken. Ausgestopfte Tiere von fremden Planeten standen in den Ecken, getrocknete Pflanzen aus den fernsten Winkeln der Milchstraße lagen unordentlich in den Regalen. Die Schränke waren vollgestopft mit exotischen Fellen und kitschigen Souvenirs aus bewohnten Welten. Da lagen Steine, leicht wie Federn, von Planeten mit geringer Schwerkraft neben Sandkörnern so schwer, daß der Arzt sie nicht anzuheben vermochte, die nur von weißen Zwergsternen stammen konnten. Herumliegende photographische Aufnahmen zeigten den Kapitän mit Freundinnen aller bekannten Lebensformen. In trüben Lösungen schwammen Präparate der verschiedensten Kleinlebewesen, auf Tafeln waren mit Nadeln die bizarrsten Insektenarten aufgespießt; es war der ganze Schutt, der sich in einem langen Raumfahrerleben ansammelt.
Und es gab Flaschen ALTER KAPITÄN. Man fand volle, halbvolle, kaum angetrunkene und leere. Sie steckten unter Kissen, standen auf Tischen und Schränken, lagen unter Sofas und auf Sesseln, man entdeckte sie hinter den Gardinen, unter den Möbeln und auf den Büchern im Regal. Der Alte mochte ein passionierter Sammler der verschiedensten Raritäten gewesen sein, seine wahre Leidenschaft jedoch galt dem ALTER KAPITÄN.
Auf dem Schreibtisch stand ein Photo, welches den Raumfahrer als stattlichen Mann im Tropenanzug zeigte; in seinen Armen hielt er eine bildhübsche Chinesin, die ihn verliebt anlächelte. Neben dem Photo, in einer Vase, standen ein paar vertrocknete Orchideen.
Den Brief fand der Arzt im Schreibtisch. Als er die oberste Schublade öffnete, rollte ihm eine Flasche des Lieblingsgetränkes des Haus-

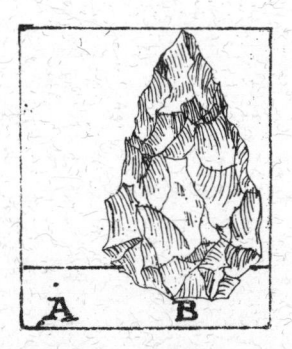

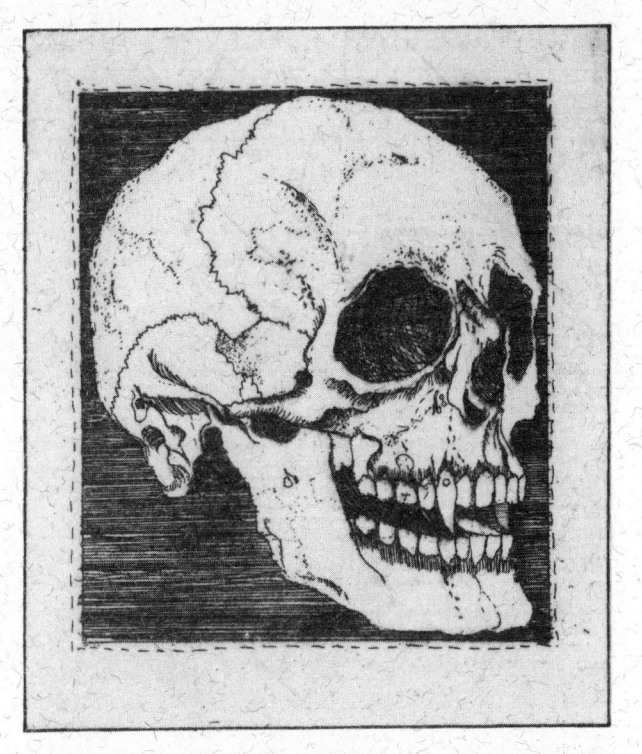

herrn entgegen, darunter lag ein einfaches braunes Kuvert. McRode erfaßte Schwindel, als er die Anschrift zu entziffern versuchte. In wackeligen, mit grotesken Schwüngen endenden Buchstaben, die trunken über das Papier taumelten, stand dort geschrieben: „Für McRode. Im Falle meines gewaltsamen Todes zu öffnen!" Gespannt erbrach der Arzt das Siegel, er schob sich einen Sessel ans Fenster, zündete seine Pfeife an, zog mehrere Bögen unregelmäßig gefalteten Papiers aus dem Umschlag und begann zu lesen:

Lieber McRode,
zuerst muß ich mich für das Ihnen angetane Unrecht entschuldigen. Wie Sie diesem Brief entnehmen werden, hat ein schlimmes, ungerechtes Schicksal mich, der ich früher ein argloser, freundlicher Mensch war, hart und grausam gemacht. Der junge, erlebnishungrige Sternenfahrer, der ich einmal war, wurde durch die Bösart seines eigenen Fleisches und Blutes zum menschenverachtenden Trunkenbold. Um Ihnen das zu erklären, muß ich mit der Geschichte meiner ersten und einzigen Liebe beginnen.
Ich heiratete erst in mittleren Jahren, wie man so sagt: im besten Mannesalter. Meine Frau lernte ich im Urlaub in einem Teehaus in Wuhan kennen. Ich war gerade von einer langen, einsamen Sternenfahrt zurückgekehrt und verliebte mich sofort in das wunderschöne Chinesenmädchen, ich glaube, daß auch sie anfangs meine leidenschaftliche Liebe erwiderte.
Obwohl ich wußte, daß eine feste Bindung für uns Raumfahrer nicht anzuraten ist, und obwohl alle meine Freunde und Kameraden mir abrieten, heiratete ich die mandeläugige Schönheit. Unsere Flitterwochen verbrachten wir im nahen Tibet, und dort, auf den luftigen Höhen des Himalaya, zeugten wir auch jenen Bastard, der mein weiteres Dasein wie ein riesiger Haufen schwarzglänzenden Unrats überschatten sollte.

Bald nach ihrer Niederkunft merkte ich, daß die Liebe meiner schlitzäugigen Angetrauten zu mir erkaltete. Mehrmals überraschte ich sie in den Armen eines unserer Sherpas. Um den Jungen kümmerte sie sich wenig, sie überließ ihn hauptsächlich der Pflege der Roboter-Amme, die ich ihr zu unserem ersten Hochzeitstag geschenkt hatte. Meine flehentlichen Bitten und meine bitteren Vorwürfe fruchteten wenig, ich begann zu trinken, um meinen Kummer zu vergessen.

Sie, die ich immer noch liebte, verlor alle Achtung vor mir, immer offener, direkt unter meinen glasigen Augen, trieb sie ihre lüsternen Spiele mit unseren Angestellten. „Laß mil nul meine Shelpas, Du hast ja liebel Deinen ALTEL KAPITÄN", zischten ihre Kirschlippen verächtlich.

Ich konnte diese ständigen Erniedrigungen nicht länger ertragen und beschloß, mein Glück wieder bei den Sternen zu suchen, in den unendlichen Weiten des Universums, in denen ich um so vieles glücklicher gewesen war denn in der bedrückenden Enge irdischen Ehelebens.

Sekunden vor dem Abflug kam sie noch einmal an Bord. „Hiel hast Du den Bastald", ihre schiefen Tieraugen glitzerten tückisch, „el ist del Sohn eines Tulpa, el wild Dich velnichten, Du wilst ihm nicht entlinnen!" Ich habe sie nicht wiedergesehen.

Die Tulpa, das sind jene sagenhaften Lebewesen, über die schon so viel berichtet wurde, die aber kaum je das Auge eines Irdischen erblickte. Der Streit, ob es sie gibt oder nicht, wird durch meinen Bericht weitere Nahrung erhalten. Schon der Ursprung der Tulpa ist umstritten. Nach der einen Lesart werden sie allein durch gedankliche Konzentration geschaffen, nach der anderen sind es außerirdische Lebewesen, die, als blinde Passagiere von einem fernen Planeten mit einem unserer Raumtransporter auf die Erde gelangt, den Auftrag haben, die gesamte Menschheit auszurotten.

Was nun die Art ihres Vorgehens betrifft, so herrscht im allgemeinen Einigkeit. Die gefährlichste Waffe der Tulpa ist ihre Unsichtbarkeit. Nachts, wenn der ahnungslose Ehemann an der Seite seines Weibes in tiefem Schlummer Kraft für den nächsten Arbeitstag schöpft, nähern sie sich wolkengleich. Durch das telepathische Vorgaukeln süßer Bilder gelingt es ihnen, ihm seinen Samen zu entlocken. So sie dieses Ziel erreicht haben, verwandeln sie sich in den Doppelgänger des

Ehemanns und verkehren dergestalt mit dessen Weibe. Der Höhepunkt dieser widernatürlichen Paarung ist das Einspritzen des soeben geraubten Lebenssaftes. Zuvor haben die Tulpa die Chromosomen eben dieses Saftes in der Art verändert, daß der eventuell zu erwartende Nachwuchs nicht wiedergutzumachenden Schaden nimmt. Er verliert jeden Sinn für das Gute, sein einziges Lebensziel ist die Vernichtung seines vermeintlichen Erzeugers, ja das Verderben seiner ganzen Sippe, die diesen Kuckuck in ihrem Neste nicht erkennt und ihn mit der gleichen liebevollen Sorgfalt aufzieht wie ihre anderen Sprößlinge. Hätte ich, Tor der ich damals war, nur den Worten meiner Chinesenhure geglaubt und diese Mißgeburt irgendwo zwischen den Sternen an einer einsamen Stelle aus der Rakete geworfen, vieles, nicht zuletzt mein grausames Ende, dessen Zeuge Sie ja waren, lieber McRode, wäre mir und, ich weiß, auch Ihnen erspart geblieben. Ich aber dünkte mich damals viel zu aufgeklärt und zu wissend, um an die Tulpa-Berichte zu glauben.

Mein Sohn wuchs unter der fürsorglichen Pflege meiner Roboter-Sklavin rasch heran, und auch ich widmete ihm voller Aufmerksamkeit die knapp bemessenen Stunden der Muße.

Langsam, fast unmerklich, stellten sich Abnormitäten ein: Einst sah ich ihn wach im Bette liegen, seine Augen glitzerten noch bösartig. Zu wiederholten Malen versuchte er, mir die Versorgungsschläuche aus dem Raumanzug herauszuzerren. Mit zunehmendem Alter gewannen seine Anschläge an Dreistigkeit. Ich mußte höllisch aufpassen, zumal er in der Schwerelosigkeit der Raumkabine aufgewachsen war und sich darin bewegte wie ein Fisch im Wasser. Ich gewöhnte mir an, nachts in der kleinen Abseite im Achterdeck zu schlafen und die Luke zu verrammeln, nachdem er versucht hatte, die Sauerstoffzufuhr zu meinem Raumhelm mit Benzin zu übergießen während ich schlief, wohl um sie später anzuzünden; auch versuchte er, mein Essen mit dem Formalin zu vergiften, welches ich für meine Präparate brauchte.

„Allerlei Possen, närrische Kinderstreiche", werden Sie, verehrter Dr. McRode, an dieser Stelle zu rufen versucht sein, allein die Häufung der verschiedensten Vorfälle dieser Art verwandelten meinen Unmut in die ernsteste Gewißheit. Bald konnte ich kaum noch essen, jede Speise brannte wie Feuer in meinen Ge-

därmen, nur mit Hilfe des Alkohols gelang mir die Stillung der in meinem Inneren tobenden Schmerzen wie auch des notwendigen Kalorienbedarfs.

Seine Genossen erschienen. Ratten und Mäuse versammelten sich nächtens beim Bett, auch riesige Spinnen und glitschige Krebse verkehrten in meiner Kajüte, an meiner Lampe pendelte ein Vierzehenfaultier mit traurigen Augen.

Ich mußte meine Reise beenden; ich stellte die automatische Steuerung auf „Erde", schloß mich fest und sicher in der kleinen Abseite, in der ich zuvor meine letzten Alkoholvorräte deponiert hatte, ein und schwor, dieses Gefängnis nicht eher zu verlassen, bis wir den Mond passiert hätten.

Die ersten Wochen auf der alten Erde verbrachte ich im Krankenhaus; ich hatte die Landung nicht bemerkt, bewußtlos lag ich in meiner Kammer. Der scheinheilige Bengel besuchte mich jeden Tag und erkundigte sich mit seiner schrillen, höhnischen Asiatenfistelstimme nach meinem Befinden, auch sah ich ihn, wenn er sich unbeobachtet glaubte, mit den Ärzten die Köpfe zusammenstecken. Ich solle das Trinken aufgeben, forderte die Brut, und mein Todfeind bestärkte sie hierin, indem er, der am besten wußte, was vor sich ging, ihnen empörend konstruierte Schauergeschichten, meine Trinksitten betreffend, vorlegte.

Schließlich ging es mir wieder besser, ich konnte sogar wieder feste Nahrung bei mir behalten und, nachdem ich den Idioten im Krankenhaus versprochen hatte, künftig keinen Alkohol mehr anzurühren, wurde ich, mit den abgeschmacktesten Ermahnungen vollgestopft, entlassen, ein Umstand, den gebührend zu feiern ich mir nicht versagte. Ich kaufte das Haus, in welchem Sie soeben wahrscheinlich dieser Zeilen ansichtig werden, und ließ mich hierselbst mit meinem Sohne nieder.

Bald ging es mir wieder schlechter, und an dem lauernden Blick des schurkischen Halbbluts erkannte ich, daß er mir wieder nach dem Leben trachtete. Mein Zustand wurde immer bedrohlicher und mein ganzes Streben war darauf gerichtet, in Erfahrung zu bringen, zu welchem Zeitpunkt der verräterische Sohn die Hinrichtung des Vaters zu vollziehen gedachte.

Meine Knochen begannen zu erweichen und schließlich zu schwinden. Ich konnte das Haus nicht mehr verlassen. Zuerst lösten sich die Rippen auf, sie wurden immer weicher und nachgiebiger, schließlich war die ganze Vorderseite meines Körpers nachgiebig wie die Bauchhöhle. Meine Arme, wie der geübte Physiologe an meiner Handschrift wohl gleich erkennt, wurden biegsam wie Schlangen und versagten schlenkernd.

Der teuflische Bengel gibt vor, Tränen zu vergießen, wenn er mich so sieht, aber ich werde dem falschen Satan den letzten Triumph nicht gönnen, ich werde meinem Leben selbst ein Ende setzen, wenn ich gewahre, daß der Tod nahe ist.

Ich hörte viel in den Tiefen des Weltalls, und ich weiß jetzt mehr über die Tulpa als dem Schurken lieb sein kann, ich kenne eine Methode, ihn im Untergang zu besiegen, und ich werde mich nicht scheuen, sie anzuwenden. Doch vorerst eine Bitte: Lieber McRode, vergessen Sie den alten Säufer, den Sie kennengelernt haben und der Sie schwer beleidigte. Behalten Sie einen Menschen im Gedächtnis, welcher ohne eigenes Verschulden, durch eine Kette unglückseliger Umstände, den Verrat seiner großen Liebe, den Einfluß geheimnisvoller, unmenschlicher, möglicherweise sogar außerirdischer, dunkler Mächte sowie schließlich durch das abscheuliche Verbrechen des eigenen Sohnes zu dem garstigen Wrack wurde, als das Sie ihn kennengelernt haben.

Nun zu meinem Plan. Um ihn ausführen zu können, bedarf ich Ihrer Hilfe. Ich hege die Absicht zu implodieren. Ich werde die Atome meines Körpers auf einen Punkt versammeln, werde mich zu einem schwarzen Loch zusammenziehen, ich kenne das „Necronomicon des wahnsinnigen Arabers Abu-al-Hazred".

Dann, bitte ich Sie: Locken Sie den Bastard noch einmal hier ins Haus, locken Sie ihn direkt an die Stelle, an welcher mein schwindender Leichnam gelegen, und werden Sie zum Zeugen meiner wundervollen, gerechten Vergeltung! Ich danke Ihnen für Ihre uneigennützige Hilfe und flehe Sie an, meinen Wunsch nicht unerhört verhallen zu lassen.

Ein letztes Prosit sendet Ihnen
ein zutiefst unglücklicher Mensch

Erschüttert legte McRode das Dokument aus der Hand, bewegungslos verharrte er noch eine lange Zeit auf seinem Platz, dann machte er sich auf die Suche nach dem Halbchinesen.

Er fand ihn in der Badewanne. Die gelbe Haut war weiß unter ihrer natürlichen Färbung. Die Schlitzaugen waren gebrochen, um die Lippen spielte erstarrt das rätselhafte, asiatische Lächeln.

Das Wasser in der Badewanne war rot. Die fahle Hand umklammerte ein großes Küchenmesser, aus dem Bauch des Toten quollen Därme: Er hatte, obgleich chinesischer und nicht japanischer Abstammung, die Selbsttötung durch Harakiri (Bauchaufschlitzung) gewählt. Die Stirn, die McRode berührte, war noch warm, es mußte geschehen sein, während der Arzt die letzten, zittrigen Zeilen des alten Raumschiffkapitäns entzifferte.

McRode überlegte: War es der Schmerz über den Tod des Vaters, der den verzweifelten Sohn zu seiner schrecklichen Tat getrieben hatte, – oder war es die Wut des Bösewichtes, der sich um die Früchte seiner Verbrechen betrogen sah?

Er wußte es nicht, allein die grausame Art der Selbsttötung ließ Zweifel in ihm keimen. Sicher, der Brief des Raumfahrers mochte im Säuferwahn geschrieben sein, das strudelnde Verschwinden des Kapitäns blieb indes rätselhaft.

Über diesem Haus schwebte ein furchtbares, unerklärliches Geheimnis, und er würde versuchen, es zu entwirren, er würde alles in seiner Macht stehende tun, um den Schleier dieses Geheimnisses zu lüften, er würde dies auf sich nehmen, obwohl er fühlte, daß es fast über seine Kräfte ging, daß der Wahnsinn mit eisigen Krallen nach ihm tastete.

McRode ließ das Wasser aus der Badewanne, die rote Flüssigkeit verschwand glucksend und kreisend, so wie vor unendlich langer Zeit der alte Raumschiffkapitän verschwunden war. McRode beugte sich über die Badewanne, er faßte den Toten unter den Kniekehlen und unter den Achseln. Die Leiche war schwer, wie Leichen es immer sind, sie war viel schwerer, als der zierliche Körperbau des Jünglings es vermuten ließ.

Schwankend, mit zitternden Knien trug der Arzt den Leichnam die Treppe hinauf, den langen Flur entlang ins Arbeitszimmer, die Därme bebten in der offenen Bauchhöhle des Toten.

McRode legte den Halbchinesen auf den Boden, genau an die Stelle, an der auch der Leichnam des unglücklichen Vaters gelegen hatte.

Schwer atmend starrte der Arzt auf den leblos vor ihm liegenden Körper. Dann fühlte er, daß er nicht mehr allein war, da war noch etwas, etwas, das lautlos über der Leiche schwebte. Er sah es kaum, es war nur eine kleine Unschärfe, ein winziger trüber Fleck, wie ein gestaltloses Insekt hing dieser über dem schwarzglänzenden Glatthaar des Halbchinesen.

Der Leichnam bewegte sich: das Haar richtete sich auf, der Kopf schien sich in die Länge zu ziehen, der Körper schien magnetisch angezogen von dem trüben Fleck, dann wurde er aufgesaugt, der Fleck saugte ihn auf, wie ein Staubsauger den Schmutz aus den Ritzen des Bodens verzehrt, in Bruchteilen von Sekunden war der Leichnam verschwunden, der Bösewicht gerichtet.

McRode verharrte in stummem Entsetzen, dann, einer plötzlichen Eingebung folgend, entkorkte er eine Flasche ALTER KAPITÄN, die offene Flasche stellte er an die Stelle, an der zuvor der tote Sohn des alten Raumschiffkapitäns gelegen hatte. Der trübe Fleck hing immer noch in der Luft.

McRode hatte sich nicht geirrt: Der Aquavit schien seiner Schwerkraft beraubt, die Flasche leerte sich als würde sie ausgegossen, doch nicht nach unten, sondern nach oben zu dem trüben Fleck hin, in dessen Mittelpunkt sich der Strom der wasserhellen Flüssigkeit ergoß.

McRode sah den Fleck verblassen, sah, wie er immer schwächer wurde und dann schließlich ganz verlosch. Er war sicher, wenn es so etwas wie einen Raumfahrerhimmel gäbe, der alte Raumschiffkapitän würde dort seine Ruhe finden...

Es stimmt schon, McRode ist wunderlich geworden. Oft sitzt er grübelnd in seinem Studierzimmer. Abends greift er immer häufiger zur Flasche ALTER KAPITÄN.

Manchmal, wenn er nächtens am Kaminfeuer sitzt und in seinen Aquavit starrt, ist ihm, als schwebe ein kaum sichtbarer Punkt im Zimmer, eine winzige Unschärfe nur, allein... „Prost, ALTER KAPITÄN", ruft er dann aus, wobei seine Frau, deren anfängliches Erstaunen über derlei Betragen sich inzwischen in freundliche Zustimmung verwandelt hat, sich ihm lächelnd zuwendet.

Endlich, Eloise, ist es soweit. Endlich habe ich das Ziel meiner beschwerlichen Reise erreicht. Jetzt werden wir wissen, ob die verzerrten Signale, die uns aus der Tiefe des Alls erreichten, uns nicht doch getäuscht haben, ob meine Reise alle unsere Entbehrungen und unsere Tränen wert war und ob die Ergebnisse meiner Mission das Leid aufzuwiegen im Stande sind, das ich Dir, teuerste Liebste, schweren Herzens zufügen mußte. Dir, deren Bild ich nicht aus diesem Herzen verbannen kann, widme ich meinen Bericht.

IM HAUPTHAAR DER BERENICE

I
Von weitem schon, mit unbewaffnetem Auge erkennt der Reisende den ersten und den zweiten Mond des Planeten: jener ist größer und in der Regel heller, dieser, der erste, ist schwerer zu erkennen und von seltsamer, bläulicher Färbung. Der Planet ist heiß wie unser Jupiter und ähnelt einer Sonne. Die Sonne, die er umkreist, hat sich in ein schwarzes Loch verwandelt, in einen Sternhaufen in jenem Sternbild, das wir „Das Haupthaar der Berenice" nennen.

II
Der Satellit, den ich künftig „Berenice 1 U.B." nennen werde, ist bedeckt von einem Ozean, aus dem sich drei Kontinente erheben. Sein Halbmesser beträgt 1738,0 km. Die Oberfläche (3.796 x 10^7 km^2) ist zu 2/3 mit Wasser bedeckt. Er besitzt eine Sauerstoffatmosphäre wie die Erde.

III
Ist es Zufall oder ein Gaukelspiel der überreizten Phantasie? Die Form der Kontinente, aus der Ferne betrachtet, erinnert mich an menschliche Körper. Schmerzlich wird der einsame Reisende an Dinge erinnert, die er seit nunmehr 40 Jahren vergeblich zu schauen erhofft. Wer kann es mir verdenken, daß ich schließlich auf demjenigen lande, dessen Form mich lebhaft an die inzwischen seit 500000 Jahren tiefgefroren meiner harrenden Lebensgefährtin erinnert.

IV
Allzu kurz, ach Eloise, hatte meine Ehe mit Dir gedauert, als die Pflicht mich zu den Sternen rief!
„Ich werde auf Dich warten, und wenn es eine Million Jahre dauert", flüstertest Du, als sich der Deckel des Gefrierautomaten über Dir schloß, 500000 Jahre sind seither vergangen auf der Erde. Meine Zeit lief langsamer:
Zwanzig Jahre dauerte die Beschleunigung meines Schiffs, der „Resolution", auf Lichtgeschwindigkeit, zwanzig Jahre das Bremsen – und dann war da noch der merkwürdige Unfall, den mein Freund, der Rechner, meldete: Tiefgefroren wie Du, Eloise, mußte ich warten, bis der Schaden behoben war.
Aber warte, bald ist meine Aufgabe erfüllt, dann bin ich wieder bei Dir und nehme Dich in meine Arme, denn was sind all die synthetischen Geliebten, die mein Freund für mich erschaffen hat, für ein Ersatz, – was für ein jämmerlicher Abklatsch sind diese Elektrohuren im Vergleich zu Dir, mein Liebling!

Der Kontinent ragt bizarr aus dem

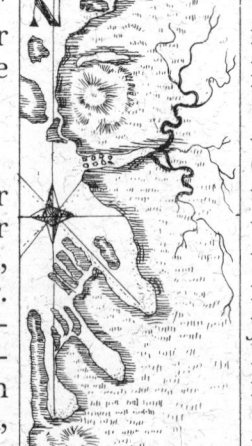

Wasser empor. Der Fels der Steilküste schimmert bläulich wie Stahl. Der Boden ist mit ebenfalls bläulichem Sand bedeckt, weit hinten ragen Bäume in einen gelblich verschwimmenden Himmel. Keine Wolke ist zu sehen, die Luft ist unbewegt, die Temperatur angenehm.

Nachdem ich mich noch einmal vergewissert habe, daß die Luft keine giftigen Substanzen enthält, verlasse ich die „Resolution". Ich schließe die Luke sorgfältig ab, bevor ich meine ersten Schritte in diese neue Welt wage.

Der Boden gibt meinen Schritten federnd nach. Unter dem Sand muß etwas Elastisches sein.

VI

Hier und da ragen Knollen aus dem Boden, violette, dünnstielige Pflanzen mit pilzartigen Köpfen. Als ich mich zu ihnen herunterbeuge, sehe ich, daß sie sich rhythmisch aufblähen und wieder zusammenziehen. Sie scheinen zu atmen. Je weiter ich ins Landesinnere vordringe, desto dichter wird der Pilzbewuchs, schließlich bedeckt er den Sandboden wie ein Teppich. Man weicht meinen Schritten aus: droht mein Fuß einen Pilz zu berühren, so verschwindet er lautlos im feinen Sand, hebe ich den Fuß wieder, dann taucht er anschwellend aus dem Boden empor. Er scheint Luft zu holen.

VII

Ich habe das unangenehme Gefühl, beobachtet zu werden, kann aber, wenn ich mich umsehe, nichts Beunruhigendes wahrnehmen. Ein einzelner Baum steht in der Ebene, ich werde in seinem Schatten eine kleine Rast einlegen, nach der langen Reise in der engen „Resolution" ist das Laufen ungewohnt. Der Baum rauscht, und meine Blicke gleiten den Stamm hinauf. „Wir Angewurzelten", sagt der Baum mit tiefer Stimme, „haben viel Zeit zum Nachdenken. Du wunderst dich vielleicht über meine Sprachkenntnisse, allein es ist Sitte hierzulande, durch den Raum vagabundierende Radiowellen abzuhören.

Ein gutes Ohr, eine schnelle Auffassungsgabe sowie eine ordentliche Begabung, mehr braucht unsereiner nicht, um viele der galaktischen Idiome zu beherrschen. Das Deutsche, Du hast den Richtigen getroffen, ist schon lange eine Schwäche von mir. Glaube mir, ich bin glücklich, mein Wissen auf die Probe stellen zu können. Primitive Dialekte sind mein Steckenpferd, und ich finde hier nur wenige, die diese Vorliebe mit mir teilen."

Meiner Frage, ob er bereit sei, mir einiges über sein und seiner Mitbäume Leben zu berichten, stimmte er nur zu gerne zu, ist er doch, wie er ausführt, vom Schicksal benachteiligt, da er mutterseelenallein hier seine Tage verbringen muß, während seine Kollegen, die meist gesellig im Wald stehen, keinen Mangel an geistreichen Gesprächspartnern leiden.

Das, was ich im Laufe des nächsten Tages und der nächsten Nacht erfuhr, will ich hier kurz zusammenfassen.

VIII

Die Bäume, die teils einzeln, teils in Gruppen, meist aber sich waldartig ausbreitend diesen Kontinent bevölkern, haben nur wenig gemein mit ihren irdischen Vettern. Oberflächlich diesen ähnlich, sind sie den stumpfen Erdengewächsen, was Beweglichkeit des Geistes und Vielfalt der Empfindungen angeht, turmhoch überlegen. Ihre äußere Erscheinung ist stattlich. Das Zweigwerk verdichtet sich zur Krone hin immer mehr und bildet schließlich eine fleischige Masse, die sich in zwei Lippen teilt, zwischen denen elfenbeinerne Zähne schimmern, dahinter lauert die bewegliche Zunge.

Wie große Früchte hängen die Augen, unterschiedlich an der Zahl, im Geäst. Die Stämme sind hohl und bieten Raum für das rückenmarkähnlich gegliederte Stammhirn. Die fleischigen Blätter bilden das Großhirn, das dem des Menschen zumindest ebenbürtig ist, selbst wenn in Herbst und Frühjahr wenig, im Winter sogar überhaupt nicht gedacht wird.

In der Dämmerung starren die Augen zum Himmel, Lippen öffnen sich blitzschnell, Zähne schnappen und Zungen schnellen heraus auf der Jagd nach Fledermäusen, einer primitiven Spezies, die, hier massenhaft umherschwirrend, das Hauptnahrungsmittel der Angewurzelten darstellen.

Ansonsten sind die Bäume angenehme, ruhige Gesellen, die immer zu Scherzen aufgelegt sind und den ganzen Tag miteinander plaudern. Ihre tiefen Stimmen und ihr vergnügtes Lachen erfüllen die Wälder. Alleinstehende Bäume fühlen sich einsam und versuchen, jeden zufällig sich ihnen nähernden Passanten in lange, munter philosophische Gespräche zu verwickeln.

IX

Der Gehilfe des Baumes erinnert in seiner Erscheinung an einen australischen Bumerang. Er lebt als Parasit in dessen Mundhöhle und ernährt sich von den für seinen Wirt unverdaulichen Flügeln der Fledermäuse. Seine Aufgabe ist es, die seinem Herrn fehlende Bewegungsmöglichkeit nach besten Kräften auszugleichen.

Insbesondere bei der Partnersuche ist er diesem von Nutzen: Von der Zunge seines Wirts über die Wipfel geschleudert, hält er Ausschau nach weiblichen Gehölzen, die hinsichtlich ihres Wuchses, der Form ihrer Blätter, der Gestalt ihrer Spaltöffnungen und der Färbung ihrer Geschlechtsorgane dem Geschmack seines Auftraggebers entsprechen.

Da die Bäume in strenger Einehe leben und diese Partnerschaften hunderte von Jahren Bestand haben sollen, sind die Angewurzelten äußerst wählerisch. Ist die richtige Wurzelmündige, wie hier weibliche Bäume genannt werden, gefunden, beginnt die Werbung: Unermüdlich wird der Bumerang auf seine elliptische Bahn befördert. Über der Angebeteten wirft er Aufmerksamkeiten ab, zahllose Briefe, vom Bräutigam auf Rindenstücken geschrieben, die er sich unter Schmerzen vom Leibe gerissen und mit der Spitze seiner Zunge sowie seinem eigenem Blute gezeichnet hat. Er weist auf die Stärke seiner Zuneigung hin, erläutert seine Haltung den verschiedensten Lebensfragen gegenüber, beschreibt den Zustand seines Körpers und seiner Seele, kurz gesagt, er teilt alles mit, was eine junge Frau von ihrem zukünftigen Ehemann wissen sollte.

X

Die Wurzelmündigen, im Wuchs etwas kleiner und etwas kugeliger in der Form ihres Leibes, verdanken ihren Namen einem Organ, welches von außen nicht zu sehen ist. Es ist dies ein zweiter Mund, der am Ende des Stammhirns zwischen ihren Wurzeln in den Boden ragt.

Das feuchte Innere des zahnlosen Organs wird bewohnt von einem der Kröte ähnlichen Lebewesen, das man den „Einsamler" nennt. Die Stunde des Einsamlers ist gekommen, wenn sich ein Baumpaar entschließt, die Ehe zu wagen. Er gräbt nun einen Tunnel, der vom Wurzelmund seiner Herrin bis zum Wurzelwerk des Bräutigams führt. Ein bis jetzt noch nicht entwickelter Wurzeltrieb beginnt beim Manne zu sprießen, so, wie die weißlichen Triebe der Kellerkartoffel. Er verlängert sich durch den Tunnel bis zum Wurzelmund der Braut. An der Spitze des Triebes befindet sich ein Gehörfühler, die mit dem Wurzelmund geflüsterten Worte kann der Ehemann mühelos verstehen. Um seinerseits reden zu können, bedient er sich einer

Art von Morsealphabet: er klopft Signale an die Lippen des Wurzelmunds.

Diese Partnerschaften sind ungetrübt von der Geilheit und den Perversionen der Lust, die andererorts häufig die Beziehung zwischen den Geschlechtern belasten.

Die Befruchtung der Blüten überläßt man hier dem Wind, der diese Aufgabe zu aller Zufriedenheit und ohne jede Schlüpfrigkeit erfüllt. „Die Wonnen der Liebe sind uns Angewurzelten teuer", antwortet der Baum auf meine Frage nachdenklich, „in Keuschheit widmen wir uns ihnen, und wir sind stolz darauf. Den ekelhaften Umgang mit Staubblüten und Stempeln, mit echten und unechten Zwitterblüten, mit Staubbeuteln und Samenfäden überlassen wir dem Wind."

XI

Einerseits beneide ich diese Angewurzelten. Eloise, könnten wir doch immer so innig verbunden sein, wie sie es sind. Andererseits erscheinen sie mir doch als arge Moralapostel; was ahnt so ein Baum schon von Dingen, die unsereiner, Du weißt es, Schönste der Gefrorenen, niemals dem Wind überlassen würde.

XII

Die Einsamlerkröte und der Bumerang werden nach der Eheschließung nicht mehr benötigt. Der letztere fällt hilflos zu Boden, prallt er doch bei der Heimkehr von seinem letzten Flug gegen die festgeschlossenen Lippen seines Wirts. Der ersteren ergeht es nicht viel besser: Ist der Tunnel vollendet, findet auch sie einen krampfhaft geschlossenen Wurzelmund vor. Sie wühlt sich an die Oberfläche, instinktiv sucht sie den heimat- und bewegungslosen Bumerang. Sie schleppt den keiner Regung fähigen in eine zuvor sorgfältig errichtete Erdhöhle und, nachdem sie ihm Gewalt angetan hat, gebiert sie einen Wurm.

Dieses Lebewesen gräbt sich in den Sand ein, lockert ihn auf und sorgt für eine gute Lüftung des Wurzelwerks. Besonders beliebt ist der Wurm beim jungfräulichen Baumnachwuchs, aber auch bei verheirateten Wurzelmündigen ist er gern gesehen, da er alles Wissenswerte aus der Nachbarschaft, hauptsächlich die kleinen Geheimnisse des Ehelebens erfährt und diese, natürlich unter dem Siegel der Verschwiegenheit, sich gern entlocken läßt. Bei diesen Gesprächen gelingt es ihm mitunter, mikroskopisch kleine Eier im Wurzelmund geschlechtsreifer Damen zu deponieren, diese steigen mit dem Baumsaft nach oben, gelangen in die Blüten und reifen dort, je nach Bedarf, zu Einsamlern oder Bumerangs heran, die die Setzlinge als Gehilfen auf ihrem weiteren Lebensweg begleiten.

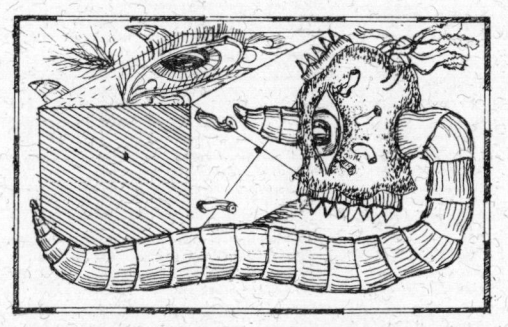

XIII

Plötzlich ist ein rumpelndes Geräusch zu hören, blechernes Rattern erfüllt die Luft.

„Was ist das?" entfährt es mir. „Das wird wohl der Hygieniker sein", antwortet der Baum gleichmütig, „wir alle werden älter. Fühlt ein Baum, daß seine Kräfte schwinden, fühlt er sich ausgehöhlt und zu nichts mehr nütze, so ruft er den Hygieniker, der herbeieilt und seinen Qualen ein Ende macht, indem er ihn fällt. Uns Bäumen im besten Alter ist er auch nützlich. Er schneidet unsere Äste aus und entfernt allzu üppig wucherndes Gehirn. 'Zuviel denken macht dumm', so spricht DER GROSSE EINÄUGIGE, unser Herr."

XIV

Unter lautem Getöse nähert sich der Hygieniker. Ein glotzäugiger, blecherner Maschinenkörper schlurft auf bleichen, haarigen Beinen einher. Sein Rücken ist gezackt wie eine Säge, schwarzer Qualm dampft aus einem eisernen Rohr. Kolben stampfen, eiserne Greifer krallen sich in den blauen Sand. Ich erschaure: zwischen Rohren und Wellen, zwischen Zahnrädern und fleischigen Wülsten, aus einer Öffnung im vorderen Teil der Maschine grinst mir, die geifernden Lippen zu einem primitiven Lächeln verzerrt, ein Schimpanse entgegen. Langsam krabbelt das Ding an uns vorbei, dem Walde entgegen.

XV

Ich weiß nun, geliebte Eloise, es gibt ein Geheimnis um diesen Himmelskörper. Wer ist der Schöpfer dieses Monstrums? Wer hält seine Hand über diese Welt? Wie kommt diese Karikatur des Menschen an einen so fernen Punkt der Milchstraße? Die liebenswürdigen Bäume können nicht die Herren dieser Welt sein, zu fremd ist ihnen die Technik, zu fest ihr Standort und zu freundlich ist ihr Wesen.
„Wer ist DER GROSSE EINÄUGIGE?" frage ich meinen Baum.

XVI

„Wir haben IHN nie gesehen, aber ER sieht uns, und wir wissen, daß es IHN gibt. ER ist der Schöpfer allen Lebens hier. Zwischen den beiden Halbinseln, im Süden dieses Kontinents, liegt ein Eiland, es ist kleiner als unser Erdteil, aber es soll märchenhaft schön sein. Auf ihm lebt, umgeben von SEINEN Helfern und SEINEM Hofstaat, unser HERR. Ach, könnte ich IHN nur einmal sehen, mein Leben würde ich dafür geben. Doch was rede ich da, ich törichtes Gehölz, niemals werde ich dieses Glücks teilhaftig sein, angewurzelt werde ich hier mein Leben verbringen, bis meine Tage sich neigen und ich den Hygieniker rufe!"
Schwere Tropfen fallen vor meinen Füßen in den Sand.

XVII

Ein würgendes Gefühl schnürt mir die Kehle zusammen, als ich zum Raumschiff gehe, um die Motorsäge zu holen. Ich weiß, ich muß jetzt Unrecht tun, muß mich an jenem Lebewesen vergreifen, das mir fern der Heimat einen so freundlichen Empfang bereitet hat. Ich muß hinüber zum anderen Kontinent, muß erfahren, was es mit ihm für eine Bewandtnis hat – ich brauche ein Boot, um den Ozean zu überqueren. Ich kann den Reaktor wegen einer so kurzen Reise nicht in Betrieb nehmen, er muß geschont werden, um Reparaturen zu vermeiden. Ich baue mir einen Einbaum! Wissenschaft ist wichtiger als Freundesleben.
Schauerliches Schreien dringt aus dem Geäst, während ich den Baum fälle; als er herniedersinkt, wische ich mir eine Träne aus dem Augenwinkel.

XVIII

Nur für Dich habe ich diese Greueltat begangen, mein Liebling! Ich wollte nicht stundenlang marschieren, um einen anderen Baum zu finden, jede Minute, die ich gewinne, bringt mich schneller zu Dir. Allein die Liebe gab mir die Kraft zu dieser Grausamkeit.
Die Krone schnitt ich ab, mit meinem Hitzestrahler höhlte ich den Baum aus. Das zuckende Stammhirn warf ich zur Seite, aus zwei Ästen schnitt ich mir Ruder, ein dritter Ast diente als Mast, meine Bettlaken fügte ich als Segel zusammen.
Bevor ich mich auf die Reise mache, fällt mir noch etwas ein. Mit dem Taschenmesser schneide ich noch sechs über alles geliebte Buchstaben in den Rumpf des Bootes: ELOISE.

XIX

Ein wackeres Schiff ist meine „Eloise". Sanfter Wind bläht ihr Segel, mühelos gleitet sie über die leicht gekräuselten Wellen des tintenblauen Ozeans. Um den Rumpf des Schiffes sehe ich längliche Schatten durch das Wasser gleiten. Sind das Fische? Ich halte einen Finger ins Wasser, doch sie reagieren nicht. Auch ein altes Busbillet, das ich aus der Tasche krame und ins Wasser werfe, scheint sie nicht zu interessieren. Ich versuche es mit einer Münze. Gischtig spritzt das Wasser auf, fischähnliche Köpfe schnellen heraus, die Leiber sind wie Röhren aus Metall: flossen- und schuppenlos. Scheppernd verschwindet die Münze in einem der Mäuler, gleichzeitig leuchtet der Körper flackernd auf wie eine Neonröhre. Ich wiederhole das Experiment mehrmals, doch es bleibt immer das gleiche: Schnappen, scheppern und elektrisches Flackern. Als meine Geldstücke zur Neige gehen, springt der letzte Fänger zu mir ins Boot.
Er leuchtet in allen Farben des Regenbogens und aus dem hinteren Teil seines Körpers ergießt sich eine Flut von Münzen auf das feuchte Holz.
Sollten hier lebende Spielautomaten das Meer bevölkern?

XX

Wie eine Mauer ragt die Küste des Eilands abweisend empor. Die Zeit ist mir beim Spiel mit den Fischen kurz geworden. Leider habe ich zu guter Letzt meine gesamte Barschaft verloren, der Gegner verstand sein Geschäft.

Wie soll ich dieses unwirtliche Ufer erklimmen? Ich muß die Küste hinaufsegeln, bis ich einen Landeplatz gefunden habe.

Das Boot wackelt bedrohlich, als der Kopffüßler über den Bug gleitet. „Sepia Berenicensis", entfährt es mir. Der Kopf, dem menschlichen irgendwie verwandt, deutet eine leichte Verbeugung an, die Augen, die wie beim Plattfisch auf einer Seite liegen, mustern mich eingehend, Tentakel überreichen mir ein zusammengerolltes Pergament:

XXI

Reisender, der du gekommen bist den Stern zu erforschen.
Wisse, du wirst in Freundschaft empfangen.
Begib dich ans Ufer und harre der Würmer, auf denen du reitest,
bis du mein einziges Auge erblickest.

Als ich wieder aufblicke, ist der Kopffüßler verschwunden. Ich lasse das Boot auf dem schmalen Sandstreifen unterhalb des Felsens auflaufen, befestige es mit einem Stoffstreifen, den ich vom Segel abreiße, an einem spitzen Felsvorsprung und rolle das Segel zusammen, um es zu verstauen. Ich warte.

XXII

Schleimig ist die Spur, die der Wurm hinter sich läßt. Ohne Laut gleitet er auf mich zu. Als er neben mir hält, bildet er mit seinem Körper eine Mulde, in die ich mich setzen kann wie zwischen die Höcker eines Kamels. Flink kriecht der Wurm den Felsen hinan, er achtet darauf, daß ich bequem sitze, indem er mit seinem langen Körper alle Unebenheiten des Felsens ausgleicht.

Oben auf der Sandebene wird das Tempo immer schneller. Das ganze Eiland scheint gewölbt wie ein Ausschnitt aus einer Kugel. Sprünge ziehen sich über die Oberfläche, der Wurm überwindet sie dank der Länge seines Körpers. Aus den Abgründen steigt rötlicher Nebel empor. Blutrote Quellen sprudeln aus dem Sand, um alsbald wieder zu versickern. Der Ritt wird immer wilder, in der Ferne taucht eine fremdartig geformte Mauer auf, die schnell näher kommt.

Wir rasen direkt auf die Mauer zu, wir müssen zerschellen. „Leb' wohl, Eloise", ist mein letzter Gedanke.

XXIII

Irgendwie sind wir hindurchgekommen. Wir waren in der Mauer, die Mauer war in uns, und dennoch gab es keinen Aufprall, nur einen kurzen Augenblick der Dunkelheit und ein Gefühl, als würden die Atome meines Körpers von denen der Mauer durchdrungen, als paßten sie ineinander wie die Teile eines Puzzlespiels.

XXIV

Der Raum scheint keine Begrenzung zu haben, nach allen Seiten versinkt er in nebliger Dämmerung. Schemenhaft löst sich eine Figur aus dem Nebel, langsam rollt sie heran wie ein Teewagen. Aus dem Zentrum eines Kastens, der mit einem schwarzen Tuch bedeckt ist, ragt ein Kopf: Die Haut ist straff gespannt und faltenlos wie aus Gummi, schlitzartig, vertikal der Mund, darüber starr, ohne zu blinzeln das Auge, über dem quallenhaft eine zitternde Vibrane schaukelt.

„Willkommen, Fremder!"
Haifischlächeln entblößt kleine, scharfe Zähne, „Willkommen im Reich der Wissenschaft!"

XXV

Koboldartige Gestalten surren um uns herum. Auf einem zierlichen Tisch steht eine Flasche Champagner mit zwei Gläsern. Mit einer einladenden Geste bittet mich der Einäugige, Platz zu nehmen. An meine Füße rollt eine metallene Dose, ihre Seite öffnet sich und eine Zunge fährt über meine Schuhe, das Winseln eines kleinen Hundes ertönt. „Ich hoffe, Sie nehmen mir den kleinen Scherz nicht übel", sagt mein Gastgeber, „wir Erfinder haben unsere eigene Art von Humor." Schlangenhafte, gelenklose Finger reichen mir ein Glas, wir trinken. Der Einäugige läßt es sich nicht nehmen, persönlich die Gläser nachzufüllen. Übermütig tätschle ich den metallischen Spielgefährten, der noch immer meine Füße leckt. Ein scharfer Schmerz zuckt durch meine Hand. „Jetzt hat er Sie gebissen, manchmal ist er etwas falsch", sagt der Erfinder bedauernd.

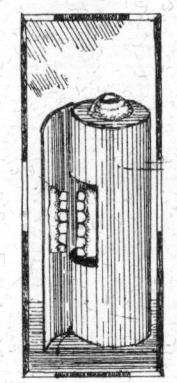

XXVII
Er muß wahnsinnig sein, Eloise! Nur ein krankes Gehirn kann all diese Scheußlichkeiten erfunden haben. Ich muß versuchen, von hier

XXVI
Leicht berauscht nehme ich die Einladung des Wissenschaftlers an, mir einige seiner Erfindungen vorzuführen.
Eine Treppe führt hinunter in die Werkstätten. Ich muß aufpassen, daß ich auf keinen der herumliegenden, geheimnisvollen Gegenstände trete, wir haben ziemlich ausdauernd dem Champagner zugesprochen. Wände teilen sich lautlos, wenn wir uns ihnen nähern, auf langen Regalen liegen Präparate, deren Sinn ich nicht erkennen kann, hinter schweren Vorhängen ertönen seufzende Geräusche, halborganische Wächter recken schlangengleiche Hälse, denen durch Metallgerüste die nötige Festigkeit verliehen wurde.
Riesige Gehirne, an deren Fühlern lidlose Augen starren, liegen am Boden, kastenförmige Köpfe taumeln auf viel zu dünnen Spinnenbeinen an uns vorbei; in einem Verließ, in das wir durch ein mit schwerem Gitter versehenes Fenster schauen, rast das Zerrbild eines Büffels ununterbrochen gegen das Mauerwerk. Schwere, knochenlose Vierbeiner bewegen sich im Zeitlupentempo, wie Statuen stehen Saurier erstarrt in gekühlten Nischen.

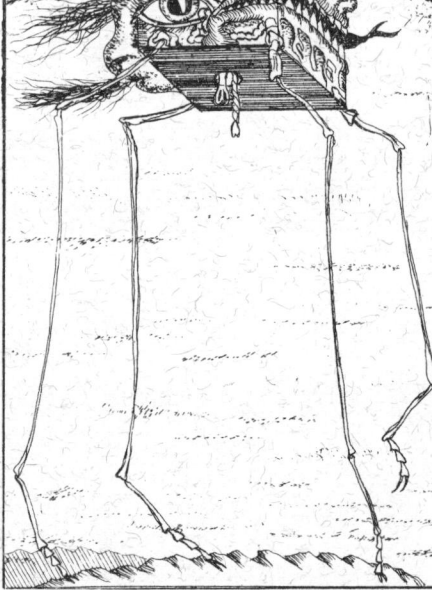

wegzukommen. Jetzt kichert er irre vor sich hin, vor ihm, auf dem Boden zuckt in widerlichem Koitus ein ekelhaftes Paar: Der männliche Teil, ein glubschäugiges Monstrum auf vier groben, knielosen Beinen, bohrt sein eselsgroßes Glied in eine Verhöhnung alles Weiblichen, eine kopf- und körperlose bloße Zusammenballung von Geschlechtsteilen, bebend und tropfend, wobei beide ein tierisches Stöhnen von sich geben.

XXVIII

„Darf ich Ihnen mein neuestes Werk vorführen? Ich schuf es zum Ruhme der allmächtigen Herrin", unwiderstehliche Hände umklammern meinen Arm und geleiten mich in einen dunklen Winkel des Laboratoriums. 
Auf einem Tisch stehen, von Tüchern verdeckt, zwei kleine zylindrische Gegenstände. „Daran habe ich in den letzten Tagen gearbeitet. Sie gestatten?" mit einer eleganten Bewegung entfernt er das eine der beiden Tücher. In einem Glassturz sehe ich erschauernd die Nachbildung meines eigenen Mundes. Blut scheint in den Lippen zu pulsieren. Sie öffnen und schließen sich in keuchendem Atmen. Ich möchte fliehen, doch dann, einer Eingebung folgend, reiße ich mit einer schnellen Bewegung das zweite Tuch herunter. Ich schreie so laut ich kann. In wahnsinnigem Entsetzen renne ich blindlings davon. Es war Dein süßer Mund, Eloise, in grenzenlosem Schmerz verzerrt, von Speichel tropfend, in schweigendem Schluchzen sich verkrampfend, aufgespannt an einem Fetzen Haut.

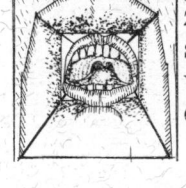

XXIX

Ich fliehe, stürze vorbei an all dem Gewürm, stoße den zitternden Riesen zur Seite. Mit schlürfendem Schmatzen fährt mein Fuß hinein in die Koitierende, die das eselhafte Glied gerade zu neuem Stoß verlassen hat, ich reiße ihn heraus und springe, dem schnappenden Kiefer eines erwachten Sauriers ausweichend, die Treppe hinauf. Hinter mir dröhnt das höhnische Lachen des Einäugigen. Vor mir an der Mauer lehnt eine Leiter. Meine Knie zittern, als ich die „Eloise" erreiche. Mit fliegenden Fingern löse ich den Knoten. Ich stoße das Boot vom Ufer ab und hisse das Segel. Der Wind trägt mich hinaus in die Weite des Ozeans – ich bin in Sicherheit.

XXX

Bin ich es, der wahnsinnig geworden ist? Hat das lange Alleinsein mich wunderlich gemacht? Waren es denn Deine Lippen, Geliebte, die nach Luft rangen, als würdest Du stranguliert. Woher sollte der Unhold sie kennen? Seine Experimente, so exzentrisch sie scheinen, sind vielleicht notwendig im Dienste der Wissenschaft. Doch dann erinnere ich mich des tükkischen Leuchtens, in welchem das Auge des Unholds erstrahlt.

XXXI

Von einem Sturm verschlagen, der mich weiter denn je von meinem Ziel entfernt hat, finde ich mich wieder am Gestade des dritten Kontinents.
Die „Resolution" schon vor Augen, fühlte ich, wie der Wind anschwoll. Dann war um mich nur noch zischendes, heulendes Brausen, der Mast brach. Vor mir, auf den Klippen, sah ich die „Resolution" schwanken, ich sah sie fallen, sah die gewaltige Stichflamme aus ihrem Bug brechen. Steuerungsunfähig, im kochenden Wasser, drehte die „Eloise" hilflos auf die Klippen zu.
Dem Tier, das mich in schnellem Flug packte, habe ich meine wunderbare Rettung zu ver-

des

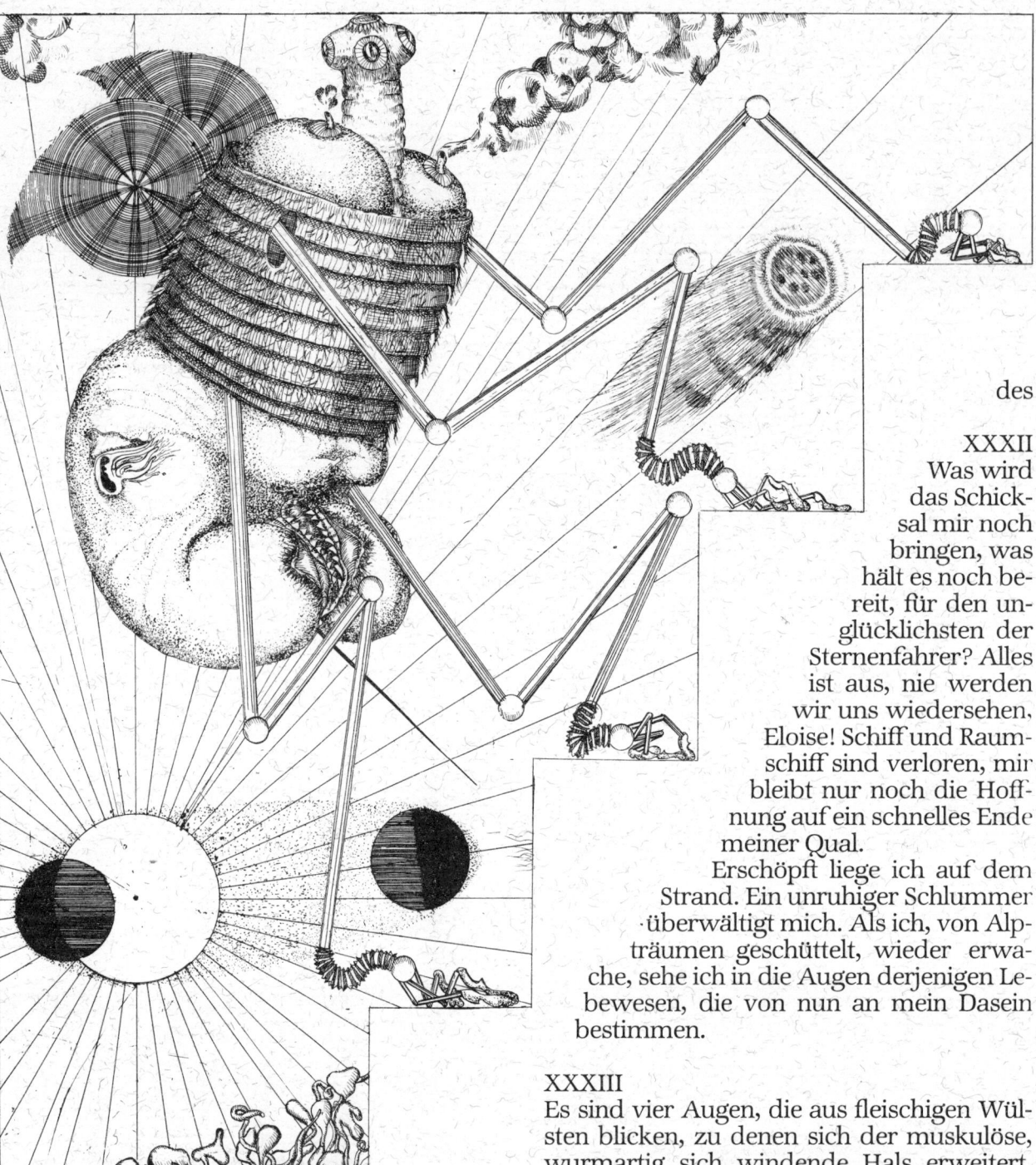

XXXII
Was wird das Schicksal mir noch bringen, was hält es noch bereit, für den unglücklichsten der Sternenfahrer? Alles ist aus, nie werden wir uns wiedersehen, Eloise! Schiff und Raumschiff sind verloren, mir bleibt nur noch die Hoffnung auf ein schnelles Ende meiner Qual.
Erschöpft liege ich auf dem Strand. Ein unruhiger Schlummer überwältigt mich. Als ich, von Alpträumen geschüttelt, wieder erwache, sehe ich in die Augen derjenigen Lebewesen, die von nun an mein Dasein bestimmen.

XXXIII
Es sind vier Augen, die aus fleischigen Wülsten blicken, zu denen sich der muskulöse, wurmartig sich windende Hals erweitert, dessen unterer Teil zwischen den prallen Hügeln des Busens versinkt, der aus einem insektenhaft gegliederten, mit borstigen Haaren bedeckten Panzer quillt, an dessen Rückseite Flügel propellerhaft rotieren, deren Spitzen fast den weichen Unterleib berühren, der in einem gläsernen Stachel endet, über dem zwei Lippenpaare sich bebend öffnen und den Blick in ein gallertartiges Inneres ermöglichen, auf dessen Grund scharfe Zähne silbern glänzen.
Der Körper ruht auf vier dünnen, ebenfalls silbernen Beinen, die von zahlreichen Gelen-

danken. Es schwang sich hoch in die Lüfte. Von oben sah ich die „Eloise" an den Klippen zerschellen.
Weit trägt uns der Flug über das Wasser, als ich unter uns Land sehe, erkenne ich den dritten Kontinent, den ich beim Anflug auf „Berenice 1 UB" entdeckte. Sanft legt mich mein Retter in den weichen Sand des Stran-

ken unterbrochen, in beweglichen Greifzangen enden, die aus der Werkstatt eines überaus geschickten, galaktischen Mechanikers zu stammen scheinen. Dicht gedrängt stehen diese Wesen in unübersehbaren Reihen, kreisförmig um mich herum.

„Jetzt ist er wieder daheim", wisperte der Chor der Insekten, „er ist gekommen, um zu begreifen!"

XXXIV
In grauer Vorzeit, als Du unter Donner die Erde verließest, das All zu erforschen, waren die Menschen die Herren des Planeten. Die eigene Unzulänglichkeit ahnend, schufen sie Helfer mechanischer Art. Maschinen, die rollten, die gingen, die schossen, die sangen, die dachten, Maschinen, die schließlich Maschinen erfanden, die Maschinen erfanden, die Maschinen erfanden, die endlich die „Große Maschine" erfanden.

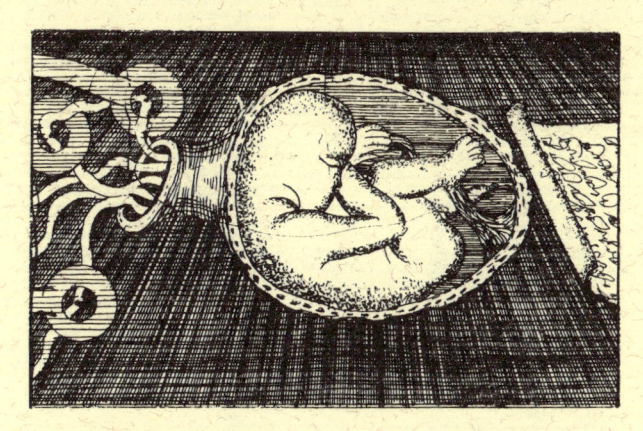

Doch immer begehrlicher wurden die Wünsche der Menschen, kein Helfer war ihnen vollkommen genug, was immer die „Große Maschine" ersann, sie verlangten es zu verbessern, so erschuf sie am Ende die „Fliegende Schar": Insekten, die robusteste Art auf der Erde, und beseelte sie mit ihrem eigenen Geist, Beständigkeit mit Klugheit gepaart.

XXXV
Die Menschen sagten: „Besiedelt den Mond!" Wir taten es. Sie sagten: „Höhlt ihn aus und baut einen zweiten!" Wir taten auch das. Sie sagten: „Schafft Kontinente nach unserem Vorbild, damit man von weitem erkennen kann die Größe des Menschen!" Wir bauten die Kontinente. Sie sagten: „Schafft Bäume, die sprechen und denken können, uns zu ergötzen!" Wir schufen sie. Sie sagten: „Setzt Automaten ins Meer, für unsere Kurzweil!" Wir gehorchten. Sie sagten: „Schafft uns Unholde und Monster, damit uns wohlig schauere, wenn wir sie erblikken!" Als sie sahen, daß wir all das konnten, sagten sie: „So, nun zerschlagt die 'Große Maschine', wir sind ihrer leid, sie hat uns der Dienste genug erwiesen!" Wie sollten wir unsere Mutter töten? Wie sollten wir das Wesen vernichten, das uns geschaffen hat, das in uns ist? Wir schafften die „Große Maschine" heimlich zum Mond und verbargen sie in seinem hohlen Inneren. Wir zertrümmerten die Sonne mit der Kraft der Gegenmaterie, wir ließen die Erde erglühen mit der Kraft der Fusion. Kein einziger dort überlebte, nur Du warst noch draußen im Weltraum. Dein Rechner, der immer Kontakt hielt zur „Großen Maschine", betrog Dich: als Du dachtest, er repariert den Reaktor, lenkte er Dein Raumschiff zurück in die Heimat.

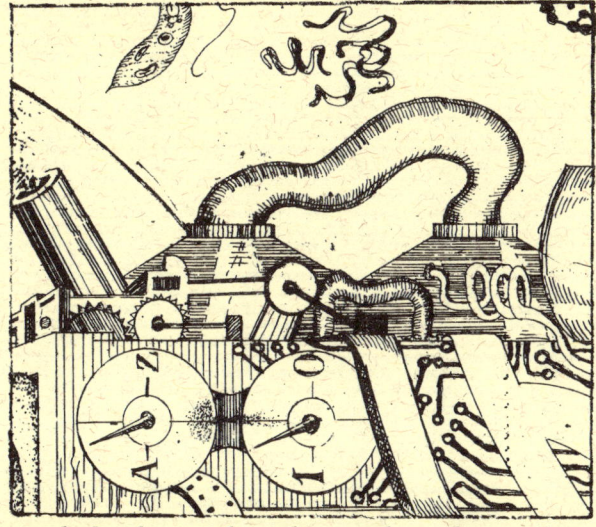

Doch fürchte Dich nicht vor der „Fliegenden-Schar", unser Zorn ist verraucht. Als letzter der Menschen sollst Du unter uns leben, als Beispiel urtümlichen Lebens sollst Du uns immer erinnern an unsere Wurzeln.

XXXVI
„Dich lieben wir 'Große Maschine', Du bist unsere Mutter, Du schenkst uns Deinen Geist, emsig arbeiten wir, Dir zum Ruhme!"

Immer wieder wispern tausend Lippen rhythmisch diese Worte, als wir uns wie eine Prozession der Siedlung nähern.

Riesige Waben, die aus tausenden von ovalen

Zellen bestehen, hängen an turmhohen Gerüsten aus Metall. Unzählige Insekten fliegen um die Waben herum und erfüllen die Luft, in der ein süßer Honiggeruch hängt, mit dem Sirren ihrer Propeller. Wir werden kaum beachtet, es herrscht Geschäftigkeit. In einem quadratischen Teich inmitten der Waben schwimmt ein rundes Gebäude mit mancherlei Verzierung, das ich, göttlicher Hieronymus, auf einem alten Gemälde schon einmal so ähnlich erblickte.

„Dieses ist Dein Haus", wispert der Chor der Begleiter.

XXXVII

Man trägt mich im Fluge hinüber zu meiner Behausung. Das ganze Gebäude ist aus Glas. Später werde ich feststellen, daß es vollkommen durchsichtig ist.

„Es ist für alles gesorgt, Du sollst bei uns glücklich sein, wir werden für Dich sorgen, wie die 'Große Maschine', unsere Mutter, für uns sorgt!" wispern sie, als mein Träger mich an einem spinnenähnlichen Faden, der aus seinem Mund gleitet, durch eine Öffnung in der Kuppel in mein zukünftiges Heim hinunterläßt.

XXXVIII

Der runde, gläserne Raum wird geteilt durch eine massive Wand, in der sich zwei Türen befinden. An der durchsichtigen Wand steht mein altes Messingbett, daneben auf dem Nachttisch liegt noch die Zeitung, die auf dem Titelblatt mich selbst und die „Resolution" am Tage vor unserer Abreise zeigt, halb verdeckt durch den Aschenbecher, in dem mehrere Pfeifen sowie Pfeifenstopfer, Feuerzeug und ein wohlgefüllter Tabaksbeutel liegen. Der Tisch in der Mitte des Raumes ist gedeckt für zwei Personen, neben den Weingläsern steht eine Flasche „Besigheimer Felsengarten Trollinger". Meine alten Ohrensessel laden zum Verweilen ein. Das Bücherregal zwischen den beiden Türen ist unordentlich überfüllt, wie ich es in Erinnerung habe, durch die halbgeöffnete Tür des Bauernschrankes sehe ich meinen Lieblingsanzug hängen. Hinter der linken Tür, im Badezimmer, verdrängt ein angenehmer Duft nach Parfüm und edler Seife den schwachen Honiggeruch, unter dem Spiegel, auf einem marmornen Waschtisch liegen Tuben und kleine Töpfchen, über einem Ständer hängen feine Badetücher, die Badewanne ist in den Boden eingelassen, in gläsernen Nischen stehen die Toilette und das Bidet.

In der Küche, hinter der anderen Tür, brodeln die Töpfe. Neben Schränken voller Geschirr, mit Schubladen, die schwer sind vom blinkenden Silber, neben Regalen, gefüllt mit exotischen Gewürzen, steht eine Truhe, bedeckt mit blutrotem Samt.

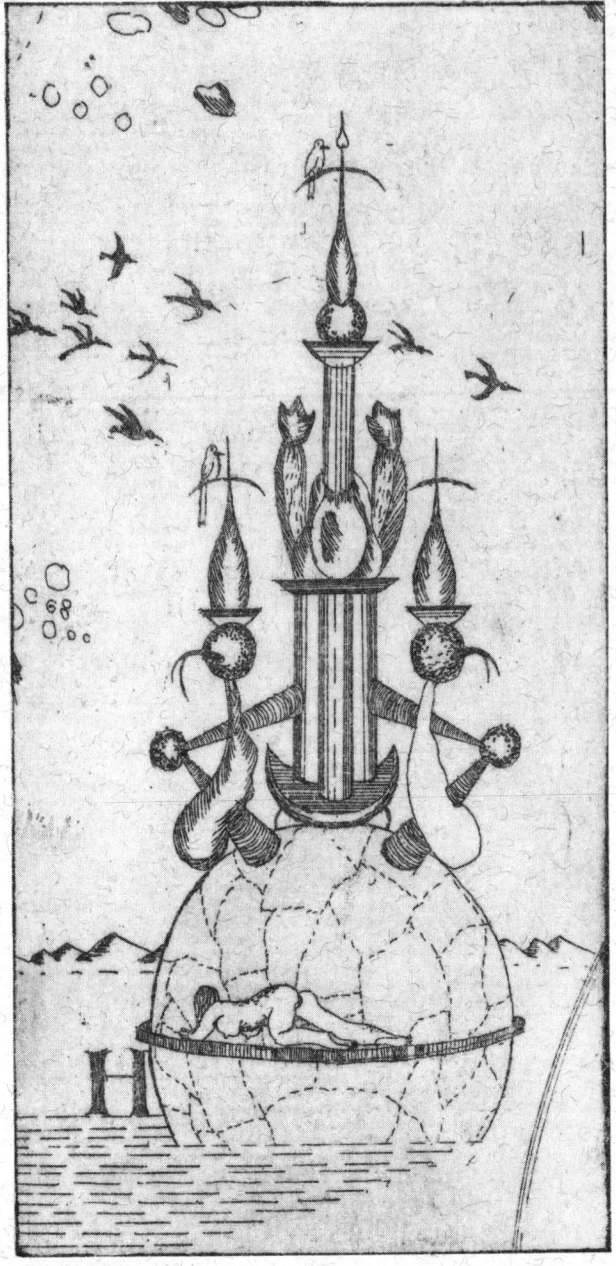

Unter dem weichen Stoff die Kuppel aus Glas, hinter ihr, im fahlen, elektrischen Licht, seit 500000 Jahren vereist, schimmernd wie feines Porzellan, von zehntausend hauchzarten Sprüngen durchzogen leuchtet in starrer Erwartung das geliebte, weiße Gesicht.

Eloise! Ich kann mich der Tränen nicht erwehren, mit bebenden Fingern taste ich nach dem Knopf für die Abtauautomatik.

IXL

Wir waren im Rausch. Wir vergaßen alles um uns, vergaßen das schreckliche Schicksal der

Menschheit, vergaßen die „Große Maschine", die „Fliegende Schar", zwischen Umarmungen labten uns Speisen, die SIE uns bereitet, tranken wir den Wein, den SIE uns beschert, auf IHREM Laken verströmten wir unsere Lust. Doch später, erloschen im Sturm der Ekstase, halb schon im Schlafe, gleitet mein Blick hinauf in die gläserne Kuppel. An gleichmäßig surrenden Propellern hängend, dicht gedrängt um die durchsichtige Glocke, die glühenden Augen geil auf uns gerichtet, ergötzen SIE sich am Sturm unserer Lust, in meinen Armen schläft fest Eloise.

XL
Wir sind hier gefangen zur Kurzweil der „Fliegenden Schar". Wie wir einst im Zoo uns erfreuten am Anblick der seltenen Tiere, so dient unser Anblick hier IHNEN zum Spaß. Silberne Greifer klatschen Applaus nach gelungenen Szenen. Das Putzen der Nase, das Verrichten der Notdurft, das Waschen, das Baden, alles erzeugt Stürme von Beifall. Das schönste ist für SIE jedoch der Anblick der Spiele der Liebe, mit Töpfen gegorenen Honigs, an einem Faden zu uns hinuntergelassen, gelingt es, uns in den Zustand zu versetzen, in dem wir die Augen vergessen, die uns betrachten.

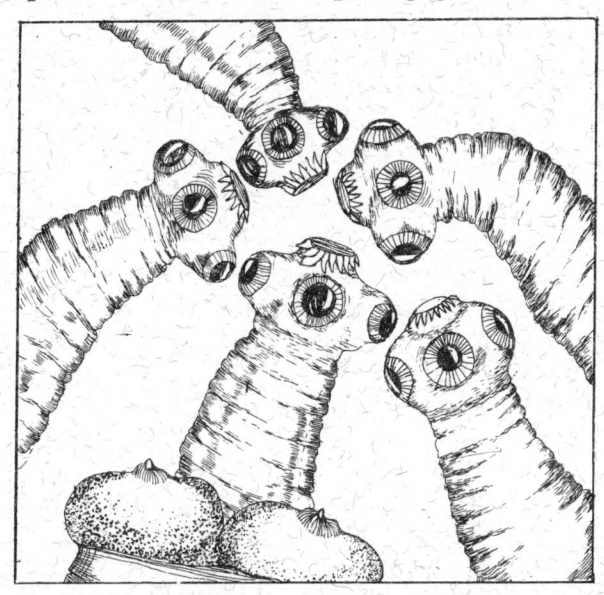

XLI
Eloise ist süchtig geworden. Schon am Morgen greift sie zur Flasche mit brodelndem Honig. Sie weiß, was sie tun muß, ihren Lohn zu erhalten: nackt zeigt sie sich mir in der schamlosesten Weise, sie spreizt sich vor mir auf dem sündigen Laken, am Boden zuckend bietet sie mir ihren herrlichen Leib, ihre Zunge zwängt in meinen Mund, den weichen Hintern wetzt sie auf meinen Knien, sie weiß, ich kann ihr nicht widerstehen.

Später dann, wenn ich, von Ekel geschüttelt, mein Gesicht in den Kissen verberge, um die lüstern glotzenden Augen nicht zu sehen, wenn ich mir die Ohren mit beiden Händen verstopfe, um das grausige Klirren des Beifalls nicht zu hören, dann schlürft sie schon gierig mit geifernden Lippen den giftigen Honig.

XLII
Ich habe meinen Liebling erlöst. Als Eloise wieder ins Badezimmer taumelte und sich über der Toilette erbärmlich erbrach, habe ich sie hinterrücks mit meinen eigenen Händen erwürgt. Was hatte dieses Wesen noch gemein mit meiner über alles geliebten Eloise, was hatte es noch zu tun mit einem menschlichen Wesen und was haben wir Menschen zu suchen in dieser feindlichen, fremdartigen Welt? Unsere Zeit ist abgelaufen, ein Fossil bin ich hier, mir selber zuwider.

XLIII
Zu Tausenden kommen die Einheimischen, angelockt durch meine Bluttat. SIE steigen ins Wasser, IHRE Körper bilden einen Damm quer durch den Teich. SIE brechen eine zackige Öffnung in die gläserne Wand meines Gefängnisses, draußen verharren SIE stumm, wie in Trauer. Ich gehe hinaus, auf meinen Armen liegt leblos die letzte der Frauen. Ich schreite langsam über den Wall IHRER Leiber, ich werde Eloise würdig begraben. Etwas wie Achtung ist in den Augen der „Fliegenden Schar".

XLIV
Ich mußte nicht wieder zurück in den gläsernen Kerker. Niemand hinderte mich, die unterste Zelle in einer der Waben zu beziehen. Wie SIE nähre ich mich nur von dem Honig, mit dem SIE mich täglich versorgen, wie SIE versuche ich nur noch flüsternd mit IHNEN gemeinsam zu sprechen.
Arme und Beine sind dünn geworden in letzter Zeit, an meinem Unterleib, der aus meinem Brustkorb herausragt, beginnt sich etwas zu öffnen, ich habe Grund, glücklich zu sein.

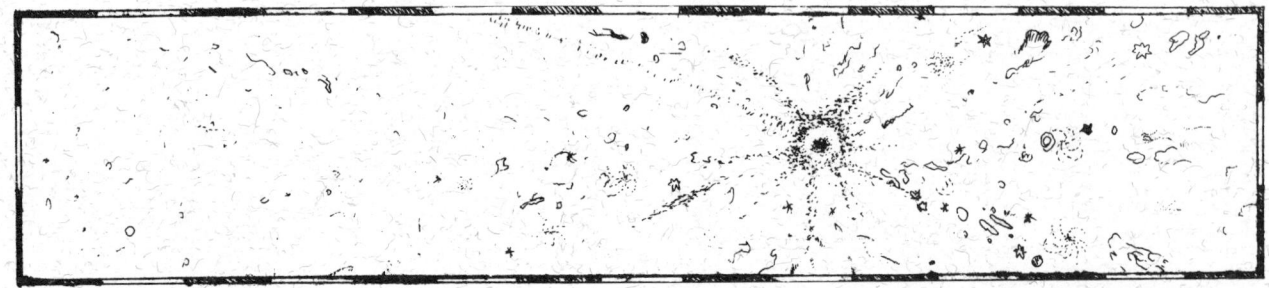

1 Zuben-el-schemali

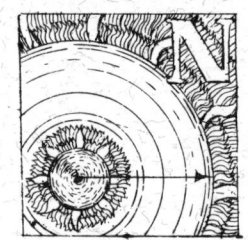

Nach langem Abend geschah es, daß Zuben-el-schemali begann, sich zum roten Riesen aufzublähen. Das Volk der Cyborgs auf dem dritten Planeten wußte nun, daß seines Bleibens nicht länger sein durfte.

2 Die große Vereinigung

Frühzeitig waren die Vorbereitungen getroffen worden; alles war zur großen Vereinigung vorbereitet. Alles Wissen war gesammelt und gespeichert, alle organischen Teile präpariert, der Proviant war konserviert und der Antigravitationsantrieb lief fehlerfrei; die furchtbare Reise konnte beginnen.

3 Die Reise

Vorbei raste die „Große Vereinigung" an Riesen- und Zwergsternen. Schwarze Löcher mußten vorsichtig umschifft, giftige Nebulae vermieden, ängstlich kriegerischen Zivilisationen ausgewichen und vor gefährlichen Neutronensternen das Weite gesucht werden.

4 Die Not

Jahrmillionen vergingen. Zeichen des Verfalls stellten sich ein: Zellen starben ab, Aggregate versagten, die Mechanik rumpelte und Schaltkreise fielen aus.
„Die Große Vereinigung wird sterben", prophezeite der „Große Rechner", „findet sie nicht im Laufe von vier Millionen Jahren einen Stern, auf dem ihr frisches Zellmaterial zugefügt werden kann."
Die Schmerzensschreie der „Großen Vereinigung" tönten grausig durch die unendlichen Weiten des Universums.

5 Der Planet

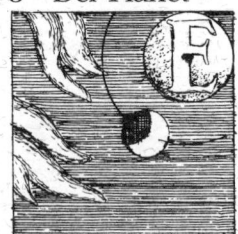

Er lag weit draußen, in den Randgebieten des Alls. Es war der dritte Planet eines Sterns erster Größe an der Peripherie einer entlegenen Galaxie. Seine Atmosphäre bestand zu 90% aus Kohlensäure, 0,7% waren Wasserdampf. Es gab geringe Mengen Stickstoff sowie Quecksilber und Chlorverbindungen. Es war sehr heiß. Der Planet war wüst und leer.

6 Der Regen

In diese Atmosphäre injizierte die „Große Vereinigung" hunderte von Milliarden Exemplare der Blaugrünen Spaltalge (Cyanidum caldarium).

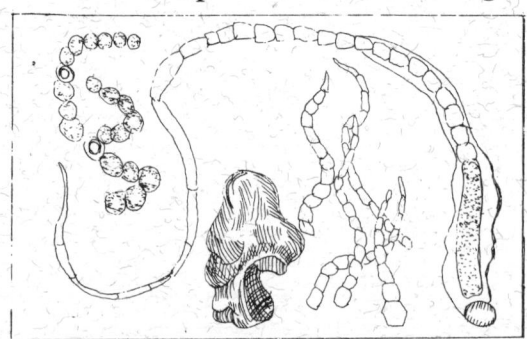

Die Algen begannen die Kohlensäure zu zerlegen. Sauerstoff entstand, Infrarotstrahlung entwich, die Temperatur sank und es regnete. Sturzbäche, ganze Wände von Regen fielen herab. Es regnete, und Meere entstanden. Es regnete, und mit Hilfe der Photosynthese bauten Spaltalgen Kohlehydrate. Komplexe organische Verbindungen führten zu pflanzlichem Leben. Es regnete, und das Spiel der Evolution begann.

7 Der Trabant

Unbeweglich kauerte die „Große Vereinigung" drei Millionen Jahre lang auf dem kleinen Trabanten des kleinen Planeten. Der „Große Rechner" harrte geduldig der Entwicklung des Lebens. Er würde es nicht versäumen, das Signal zur Hochzeit erschallen zu lassen.

8 Das Volk

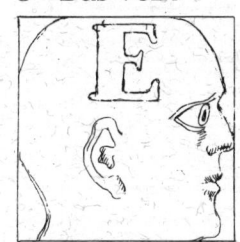

Eine zweibeinige Spezies hatte sich auf dem Planeten entwickelt. Sie nannte den Planeten Erde. Sie nannte den Trabanten Mond. Sie bestand aus zahlreichen Gliedern. Den Verband dieser Glieder nannte sie Volk. Der Mond war schon lange ein verhätschelter Liebling des Volkes.

9 Die Ankunft: Adventus

Als sich der Himmel öffnete und die „Große Vereinigung" herniederkam, verbargen die Völker ihr Gesicht. Strahlende Helligkeit war allerorten, gewaltige Stürme tobten, die Wasser der Ozeane kochten, Kontinente versanken in Feuersbrünsten und Menschen erstarrten vor Entsetzen: Der Antigravitationsantrieb hatte zur Landung angesetzt.

10 Der Rechner

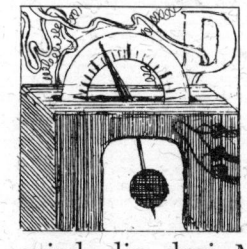

„Du mußt dich vermehren", befahl der „Große Rechner". Finde eine reine Jungfrau und benetze sie mit Deinem Samen. Warte drei mal neun Monate, und sie wird dir drei Mutanten schenken. Diese Mutanten geben Dir Deine Kraft zurück. Durch sie wird sich Deine Bestimmung erfüllen, größer und erhabener als Du es je geahnt. Und schöner als in den glücklichsten Tagen auf Zuben-el-schemali.

11 Das Mädchen

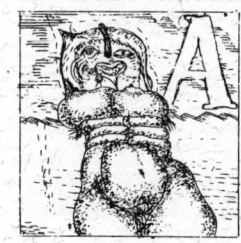

Als das Mädchen neugierig der „Großen Vereinigung" nahte, erklang liebliche Musik. Schmachtende Töne ließen es nähertreten. Ein Spiel zarter Farben wies ihm den Weg. Gewaltige Tore öffneten sich, als das Mädchen die „Große Vereinigung" betrat. Spinnwebfein waren die Vorhänge, die sich hinter ihm schlossen.

12 Die künstliche Besamung: Praegnatio arteficiosa

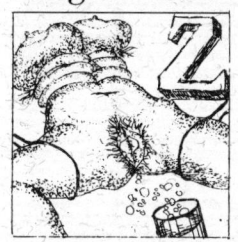

Zierliche Tentakel legten sich um den Leib des Mädchens, sanft zogen sie es in das Innere. Hinter ihr sprießten metallene Ranken und versperrten unbarmherzig den Rückweg, sie strauchelte. Auf einer Plattform liegend, konnte sie nicht verhindern, daß feste Bänder sich schlangengleich um ihre Beine wanden und ihre Schenkel öffneten. Ein Greifarm hielt eine Phiole mit einer zähen, weißlichen Flüssigkeit. Sie versuchte zu schreien, allein ihre Stimme versagte.

13 Die Schwangerschaft

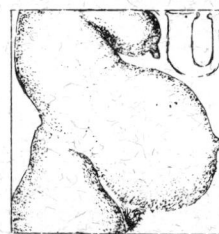

Umsorgt von tausend Tentakeln, gespeist mit den begehrtesten Leckerbissen, gesalbt und gebadet jeden Tag, ihr Schlaf ängstlich behütet, ihr Bauch gewaltig aufgetrieben, so harrte sie drei mal neun Monate ihrer Niederkunft.

14 Die Geburt: Partus difficilis

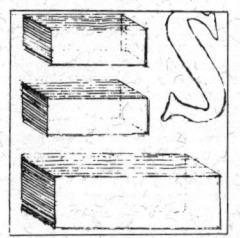

Schreckliche Schreie erschütterten die „Große Vereinigung", als die Wehen einsetzten. Unter Seufzen und Stöhnen, Blut und Kot verströmend, genaß die Jungfrau dreier Schachteln aus Metall.

"Diese drei Schachteln", flüsterte der "Große Rechner", "sind die Früchte Deines Leibes."

15 Der erste Mutant

Die erste Schachtel war aus Gold, sie glitzerte und funkelte, der Wöchnerin eine Augenweide. Am Busen der Mutter wuchs das Kind schnell heran. Seltsame Organe begannen dem Gold zu entspringen. Lippen taten sich auf, das Kind zu nähren. Aus aufbrechenden Knospen schauten leuchtende Augen. Gehirnartige Windungen bedeckten den oberen Teil. Im dritten Monat aber erhob es sich und schwebte.

16 Das Gehirn

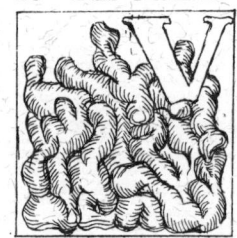

Väterlicher Stolz erfüllte die "Große Vereinigung", als sie das Kind erblickte. "Du, mein Kind", sprach sie, "sollst durch Deine Klugheit mein Herz erfreuen. Zeichen sollst Du setzen im Universum."

17 Der zweite Mutant: Mutantus secundus

Die zweite Schachtel war aus Silber. Fleißig mußte die Mutter sie putzen, um ihren Glanz zu erhalten. Bald fanden Veränderungen statt. Vier starke Beine aus Fleisch und Blut entsprangen ihrer Unterseite. Gefräßige Lippen ließen sie aufspringen. Oben wölbte sich eine Kuppel, gallertartig umfaßt von merkwürdigen Röhren und Ausbuchtungen. Saurierartig, doch geschickt: der gewaltige Greifschwanz.
Schnell der Sprung. Telepathisch vermochte der Mutant den väterlichen Willen zu übernehmen.

18 Die Geschicklichkeit

Wie lachte das Herz der "Großen Vereinigung", als sie dieses Kind erblickte. "Du mein Kind", so sprach sie, "sollst der gewandteste von Euch dreien sein.

Kein Berg sei Dir zu hoch, kein Wasser zu tief, kein Stern zu unwirtlich, kein Nebula zu dicht, keine Schaltung zu kompliziert – alle Gefahren sollst Du meistern, kraft Deiner Geschicklichkeit."

19 Der dritte Mutant: Gigantomutantus

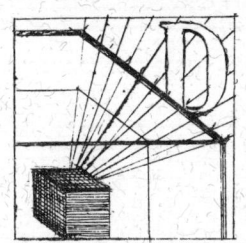

Die dritte Schachtel aber war aus Titan. Kaum hatte er das Licht der Welt erblickt, begann der Mutant gewaltig zu wachsen. Schnell mußte er der Mutter entwunden und aus der Vereinigung entfernt werden, drohte er doch sonst diese zu erdrücken und jene zu zerreißen.
So groß war sein Wuchs, daß sein Scheitel bald drohte den Mond zu berühren.

20 Die Kraft

Freude erfüllte die „Große Vereinigung", als sie dieses Riesen ansichtig wurde.
„Du, mein Kind", sprach sie, „sollst Welten aus den Angeln heben.
Herrschen sollst Du mit Deiner Kraft im Universum. Aber gedenke Deiner Brüder: Höre auf die Klugheit und achte auf die Geschicklichkeit!
Beschütze das Gute und lasse das Böse vor Deiner Kraft erzittern!"

21 Der Abschied

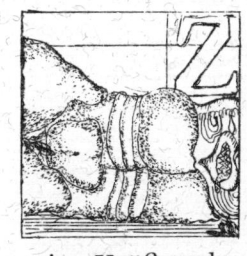

Zärtlich behütet im Inneren der „Großen Vereinigung" hauchte die Mutter bald nach der Niederkunft ihr kurzes Erdenleben aus.
Doch auch der Vater fühlte seine Kräfte schwinden.
„Meine Zellen sind verbraucht, meine Schaltkreise brüchig und mein Antrieb ist defekt", flüsterte er den besorgten Söhnen zu.
„Lebt wohl", ermattet sank die „Große Vereinigung" in sich zusammen.

22 Die Auferstehung

Emporgehoben von den gewaltigen Kräften des dritten Mutanten, die Aggregate und die Mechanik geschickt gereinigt vom zweiten, die Schaltkreise und der „Große Rechner" neu eingestellt vom ersten Sohn, spürte die „Große Vereinigung" das Leben zurückkehren.
Seltsame, neue Impulse waren in ihr, neue Kräfte schienen sie zu erfüllen.

23 Das Ylem

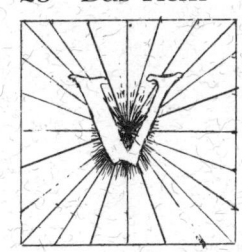

Vollends wieder bei Bewußtsein, stellte sie fest, daß die Söhne sich mit ihr vereinigt hatten, daß sie in ihr aufgegangen waren und ihr die Kraft, das Geschick und den Geist eingeflößt hatten, die sie brauchte, um selbst ein Universum zu bilden, daß sie das Ylem war, der rote Riese, der weiße Zwerg, der Nebel und das Leben.

24 Die Himmelfahrt: Ascensus in caelum

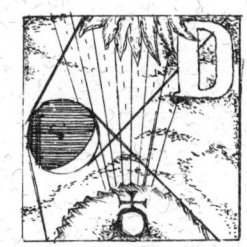

Die „Große Vereinigung" erhob sich zum Himmel und zog davon.
Weit draußen, jenseits der Grenzen des Universums zuckte ein Blitz, Wellen der Schwerkraft, der Materie und des Geistes durchfluteten den leeren Raum.

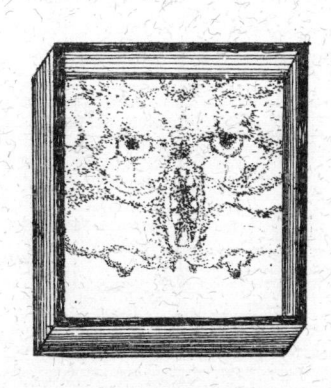

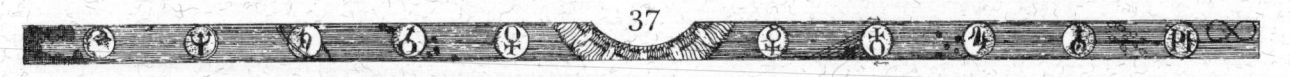

n einer Sternfahrerwirtschaft, am Rande der Milchstraße, auf einem ganz kleinen, unbedeutenden Planeten, dessen Name hier nichts zur Sache tut und über den es nichts zu berichten gibt, nur, daß er eben an einer der galaktischen Hauptverkehrsadern gelegen ist, geht es immer hoch her.

Vor der Wirtschaft, auf dem Parkplatz, stehen Fahrzeuge der unterschiedlichsten Art: Fahrzeuge groß wie Berge, neben solchen, die klein sind wie Streichholzschachteln, zigarrenförmige Fahrzeuge und Fahrzeuge, die aussehen wie Untertassen, behäbige Raumschüsseln und lichtgeschwinde Gleiter, Fahrzeuge unregelmäßig wie Steine, Fahrzeuge durchsichtig wie aus Glas, kugelförmige Fahrzeuge aus schwerem Metall und verformbare Fahrzeuge wie aus Knetmasse, kurz gesagt, man sieht hier alles, was auf den Verkehrswegen der Milchstraße unterwegs ist.

Das wegen des Fluglärms in die Erde eingegrabene Lokal hat zahlreiche Eingänge: Eingänge groß wie Scheunentore und Eingänge klein wie Mauselöcher, hell erleuchtete Eingänge für diejenigen, die sich auf den Gesichtssinn verlassen, Eingänge denen markante Gerüche entströmen für die sich mit der Nase orientierenden Reisenden und tönende Eingänge, die für die Gehörwesen bestimmt sind. Es gibt hier alle Arten von Eingängen, die man sich vorstellen kann.

Die Sternfahrer, die auf ihren langen, manchmal jahrzehntelangen Reisen hier Station machen, sind harte Burschen: immer zu deftigen Scherzen aufgelegt und hungrig nach Zerstreuungen.

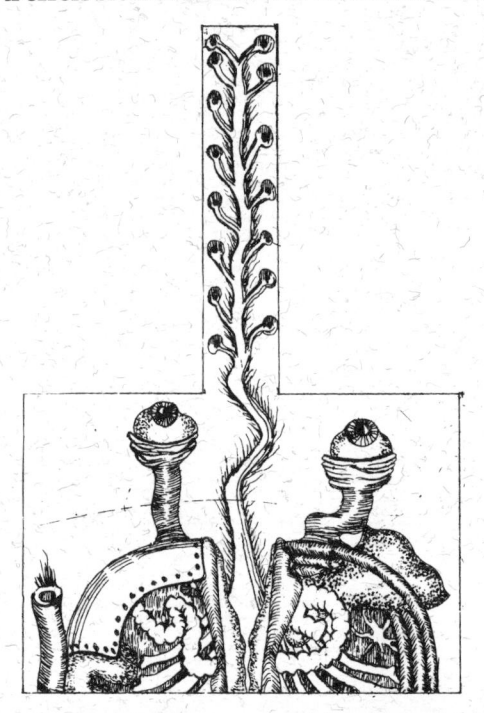

Hier treffen sich Männer der unterschiedlichsten Rassen: Ein- oder mehräugige Männer, Männer mit Facettenaugen, Männer, die ihre Augen kranzförmig um den Hals tragen, Männer mit Schnauzen wie der Dachs und solche mit dem Rachen des Krokodils, zahnlose Männer mit kreisrunden Schlünden und Männer mit Haifischzähnen, Männer mit Hasenohren und Männer mit zitternden Membranen, Tausendfüßler und Beinlose, knochenlose, quallige Männer und Männer mit dem Panzer der Schildkröte, es gibt insektenhafte oder krebsähnliche Männer, flinke, warmblütige Säugetiermänner und langsam dahinknirschende Männer aus Silicon, Männer heiß wie Öfen und Männer kalt wie Eis.

Mit einem Wort, sehr verschiedene Männer treffen sich hier.

Die Frauen, denen wir an einem solchen Ort begegnen, verweilen hier aus tausenderlei Gründen: Sternfahrerinnen kommen aus den wenigen Matriarchaten der Galaxis, Glücksritterinnen aus den entferntesten Winkeln suchen hier Abenteuer, gewöhnliche Huren trifft man hier auf der Jagd nach dem Geld, Witwen, die noch einmal das Leben erproben wollen, nackte Frauen, behaart wie der Fuchs, und Frauen in den exotischsten Roben, krebsscherige Frauen und Frauen so weich wie aus Gas, Frauen, die alle nicht zimperlich sind, bereit zu erproben, was die Milchstraße ihnen zu bieten hat.

Dazu gesellt sich die große Schar der Geschlechtslosen: Rumpelnde Robots auf rollenden Rädern, Cyborgs, aus deren Kastenleibern hier und da die Därme quellen, Zwitter, die es verstehen sich selbst zu befruchten und solche, die sich durch Teilung vermehren, Hirnwesen, sorgfältig in Schachteln verkabelt, und Fleischberge, deren Gehirne Computer sind.

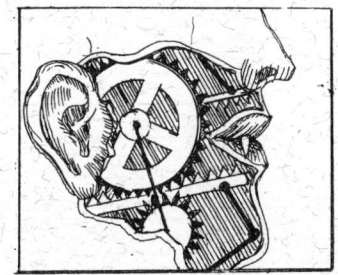

An einem solchen Ort ist man verwegen, man liebt das Abenteuer und man ist tolerant, man interessiert sich nicht für die Anzahl der Arme, Beine oder Köpfe seines Nachbarn, man geht Auseinandersetzungen nicht aus dem Wege, aber man sucht sie auch nicht, man entspannt sich bei anregenden Getränken oder berauschenden Drogen, man liebt sich, wenn man einen Partner findet, man ißt feine Menüs und Hausmannskost, man kaut auf Austern und auf Steinen, man tanzt, wenn man Lust hat, und schläft, wenn man müde ist, man spielt um Atairische Rubel und um Cygnische Dollars, man amüsiert sich auf jede nur denkbare Art, und man erzählt sich Geschichten, Geschichten von Erlebnissen auf fernen Planeten, die zuvor noch kein Reisender betreten, wilde Geschichten von Verbrechen und Mord, rührselige Geschichten von Liebespaaren, die Lichtjahre trennen, unheimliche Geschichten von wahnsinnigen Wissenschaftlern, die versuchen, die Milchstraße umzuleiten, seltsame Geschichten von denkenden Gaswolken, die durchs Weltall irren und darauf warten, erlöst zu werden, lustige Geschichten vom Robot, der sich in eine hübsche Terranerin verliebt und, als er sich am Ziel seiner Wünsche wähnt, feststellen muß, daß er den Schraubenschlüssel zu seinem Geschlechtskanister vergessen hat, unzählige Geschichten erzählt man sich hier:

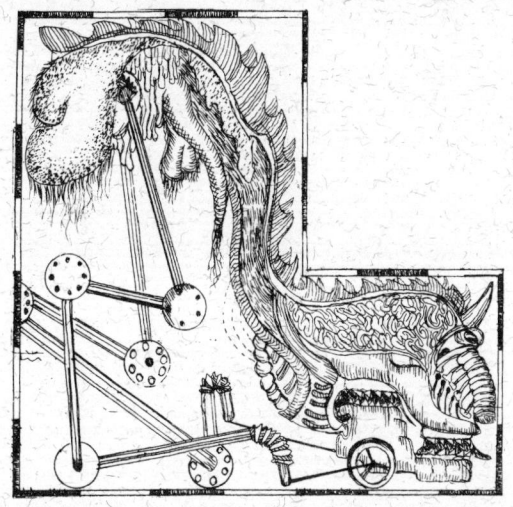

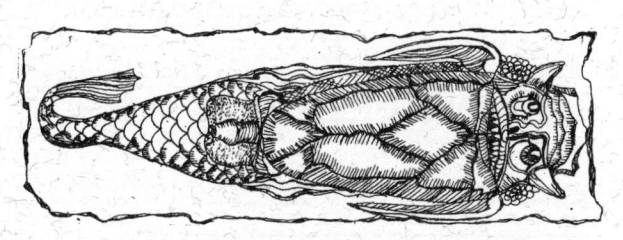

Tafel 1
... und Zeit betreffend.
(Abb. rechts, vergl. Seite 5)

SOL
LUNA
ZEIT-MASCHINE
Fig. B.
TEMPORA MUTANTUR ET NOS MUTAMUR IN ILLIS

Tafel 2
. . . nebenstehendes Manuskript (das Tun und Treiben auf dem Mars betreffend). . .
(Abb. rechts, vergl. Seite 9)

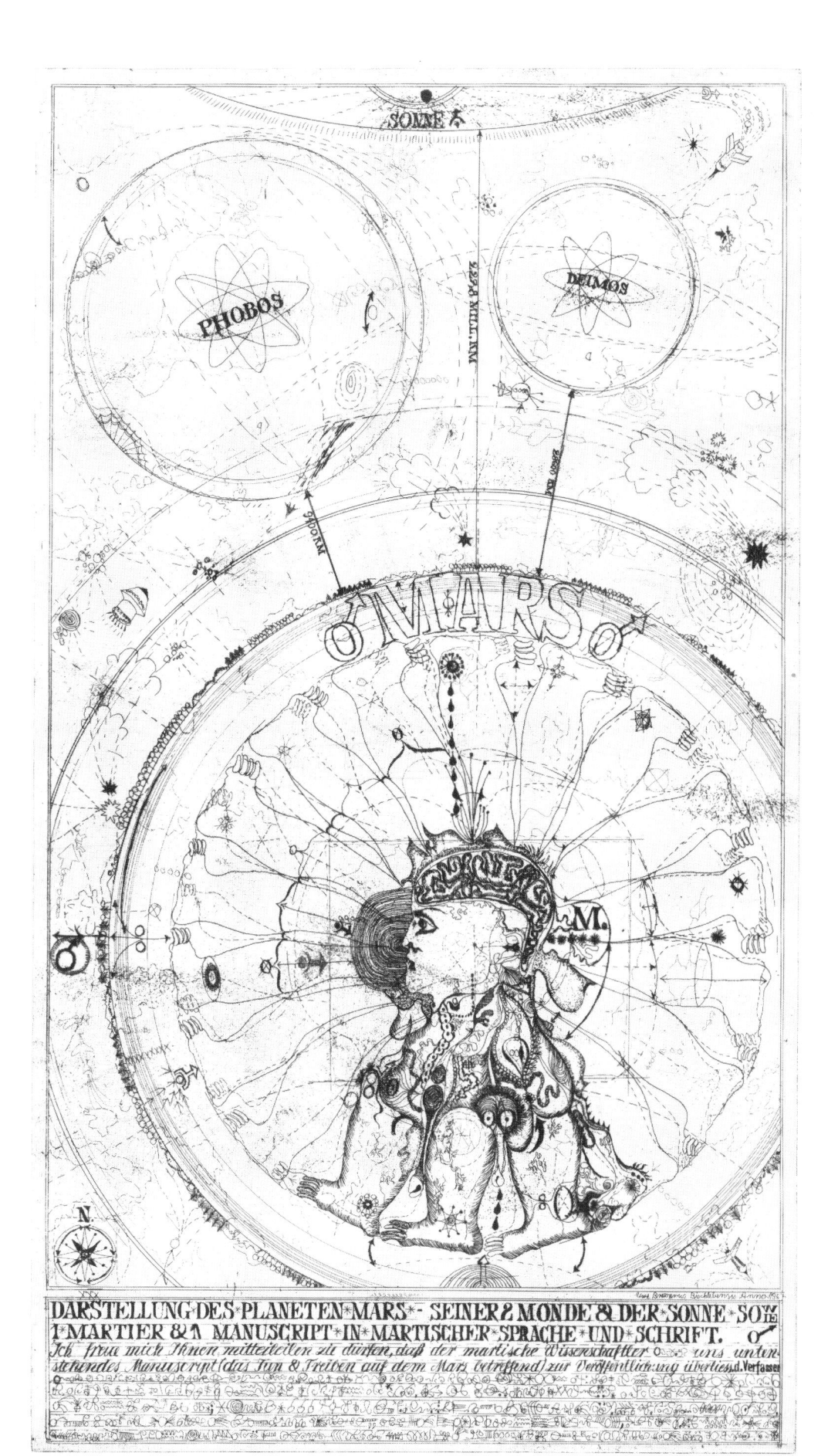

DARSTELLUNG DES PLANETEN MARS - SEINER 2 MONDE & DER SONNE SOWIE
1 MARTIER & 1 MANUSCRIPT IN MARTISCHER SPRACHE UND SCHRIFT.

Ich freue mich Ihnen mitteilen zu dürfen, daß der martische Wissenschaftler uns untenstehendes Manuscript (das Tun & Treiben auf dem Mars betreffend) zur Veröffentlichung überliess. d. Verfasser

Tafel 3
. . . hätte man frühzeitig auf die Ulunt Khazul . . .
(Abb. rechts, vergl. Seite 10)

DARSTELLUNG DES PLANETEN JUPITER & SEINER 11 MONDE SOWIE EINER SEINR BEWOHNER*
vom Stamme der ULUNT KHAZUL. Höhe 17 CHPZIX. Lebt von der Jagd (auf SKALPAT) und
Fischfang (Karpfen). Mitunter auch Ackerbau (pflanzt SRROIK). Trinkt Ammoniak.
Man unterscheidet zwischen Mann, Halbmann & Frau. Der Halbmann muss die F.
wenige PKTUF (Stunden) nach dem M. befruchten. Daher Ehen (FCKN) zu Dritt. Abb. 6

Tafel 4
Während der Planet den Männern vorbehalten ist . . .
(Abb. rechts, vergl. Seite 10)

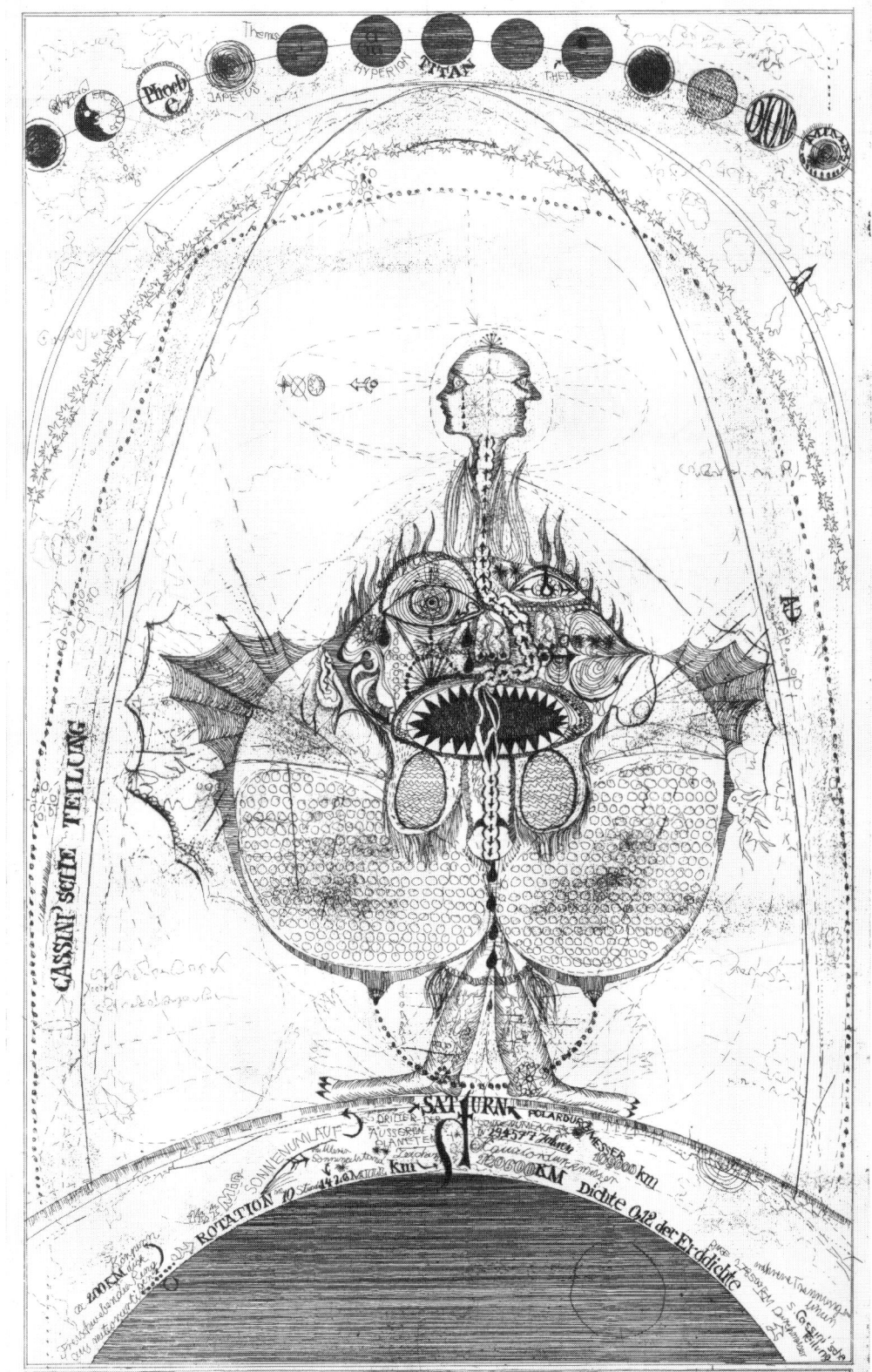

DARSTELLUNG DES PLANETEN SATURN & VERSCHIEDENER MONDE SOWIE EINIGE SEINER RINGE MEHRERE UFO UND EINER SEINER BEWOHNER

*3 körfiger gemeiner Saturrit. Höhe ca.1203m. Gewicht ca.300t. Ist Ets. Lebt haupts. von Schwerindustrie. Während der Planet den Männern vorbehalten ist leben die Frauen auf den zahlreichen Monden. Zur Paarungszeit schleudert der M. seinen Namen auf einen der Monde. Verfehlt der S. sein Ziel, kreist er als Satelit um den Planeten. So entstanden im Laufe der Jahrmillionen die Ringe des Saturn.

Tafel 5
Die auf Tafel 5 abgebildete Gestalt...
(Abb. unten, vergl. Seite 13)

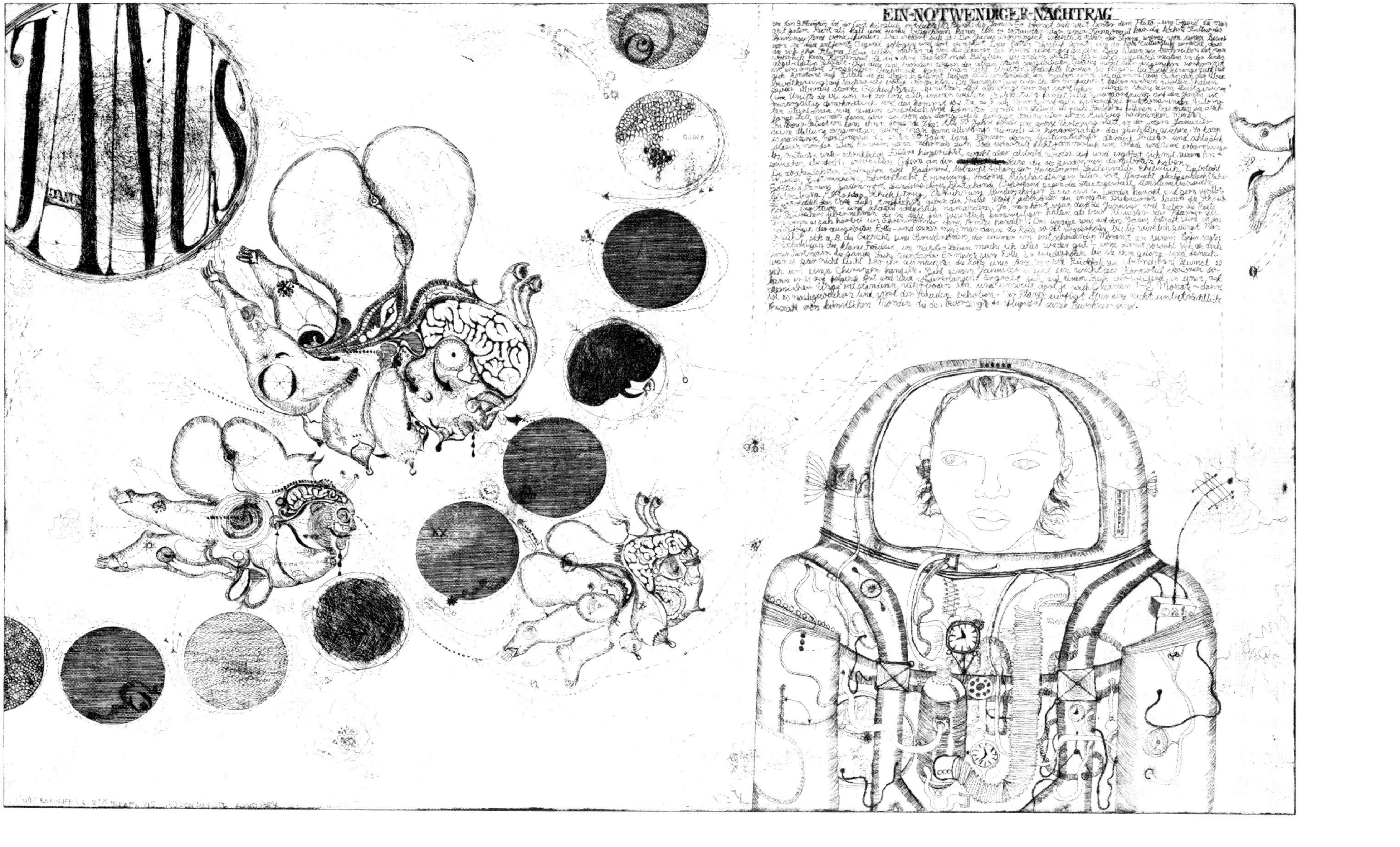
EIN NOTWENDIGER NACHTRAG
JANUS

Tafel 6
. . . genaß die Jungfrau dreier Schachteln aus Metall.
(Abb. rechts, vergl. Seite 35)

PARTUS DIFFICILIS

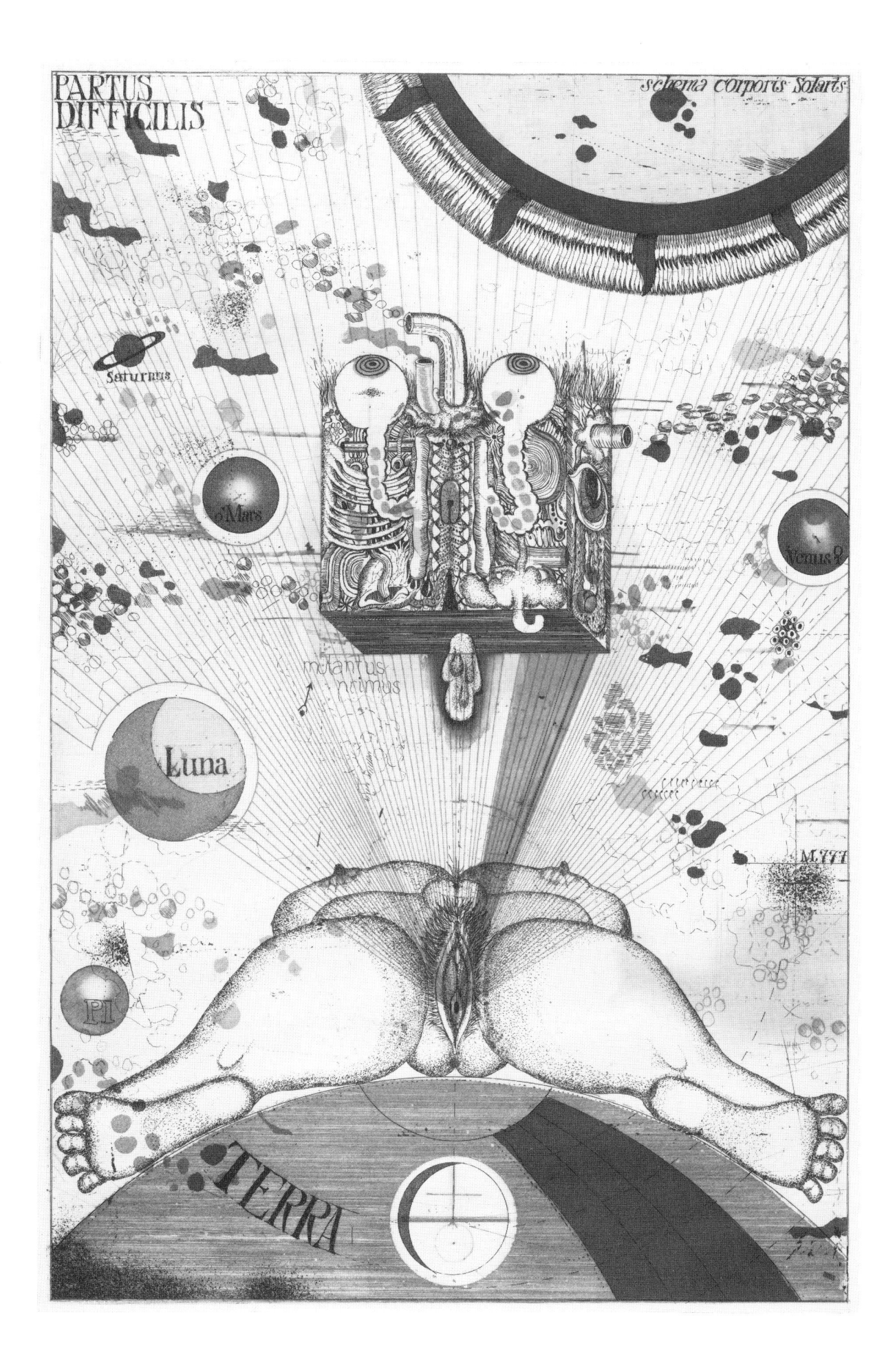

schema corporis Solaris

Saturnus

Mars

Venus

mutatus primus

Luna

TERRA

Tafel 7
Kaum hatte er das Licht der Welt erblickt . . .
(Abb. rechts, vergl. Seite 37)

MUTANTUS
tertius

LUNA

axis caeli

TERRA
continens   septentriones

mare

Tafel 8
Die Frauen, denen wir an einem solchen Ort . . .
(Abb. unten, vergl. Seite 72)

Fig. A.

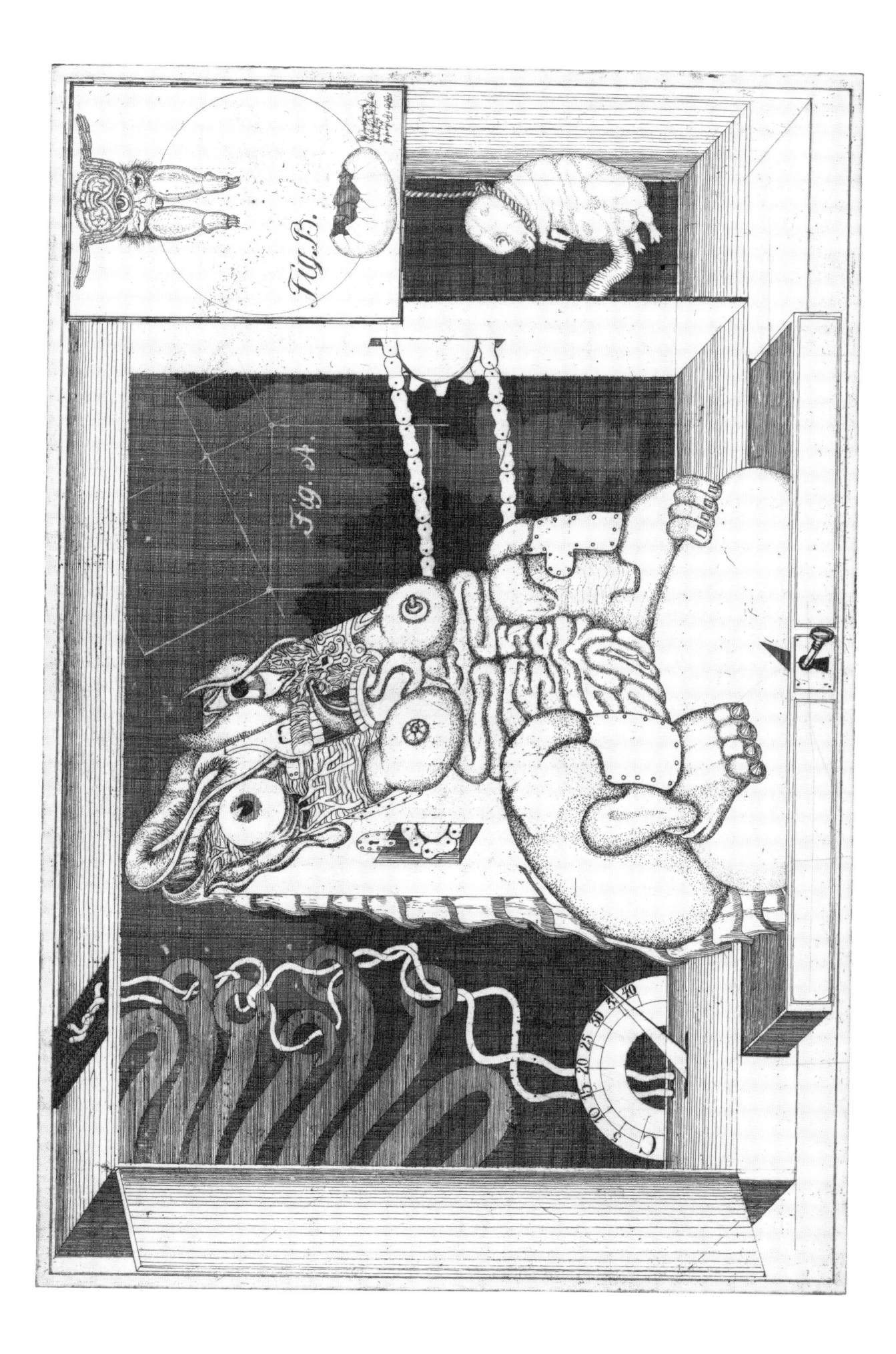

Fig. B.

Tafel 9
An einem solchen Ort ist man verwegen...
(Abb. rechts, vergl. Seite 72)

PRIMATEN UND ROBOTER

Tafel 10
. . . der auf die Heimtücke der Raumschwimmer hinwies, . . .
(Abb. rechts, vergl. Seite 75)

RAUMSCHWIMMER · SOGENANNTER · BÖSARTIGER · ALLVERSCHLINGER · GESCHLECHT ZWITTRIG · LÄNGE 200 KM · FÜR RAUMSCHIFFE · VORSICHT!!

Krode

Arcturus
α

Planet I
Planet III
Planet II

NÖRDLICHER STERNENHIMMEL, DEN 14. MÄRZ 2350
Vorsicht Raumschwimmer

Tafel 11
Phantastische Zoologie!
(Abb. rechts, vergl. Seite 84)

ANIMANTIUM
phantasticum

Tafel 12
Er unterwies die Schüler . . .
(Abb. rechts, vergl. Seite 88)

DIE SONNENINSELN DES ιστμβουλος (A) in veritas ☉ (B) SOWIE 2 BEWOHNER (c+d), 1 REITTIER (equus asinus veneris) (b), 1 VOGEL (avis avis) (a), 1 HAUPTNAHRUNGSMITTEL (e), 1 FLUGZEUG *mentalhere* interplanetar (g) MIT FRACHT FÜR ☉ et MEHRERE HIMMELSKÖRPER : MODELL ατλαντις

Tafel 13
. . . auf Helgoland-Basileia, . . .
(Abb. rechts, vergl. Seite 88)

Wie groß ist die Entfernung zwischen dem Sonnentor von Tiahuanaco und Helgoland für mit Überlichtgeschwindigkeit reisende Venusier?

Tafel 14
Bald war sein guter Ruf lädiert...
(Abb. rechts, vergl. Seite 90)

DER SÜNDENFALL
Sol
SCHAUMBERG
Idafeld
PULQUE
CIHUATCOHUATL
MAIAVEL
CUEXTECO=NOAH

Tafel 15
. . . ist indes alles andere als eine Augenweide.
(Abb. rechts, vergl. Seite 93)

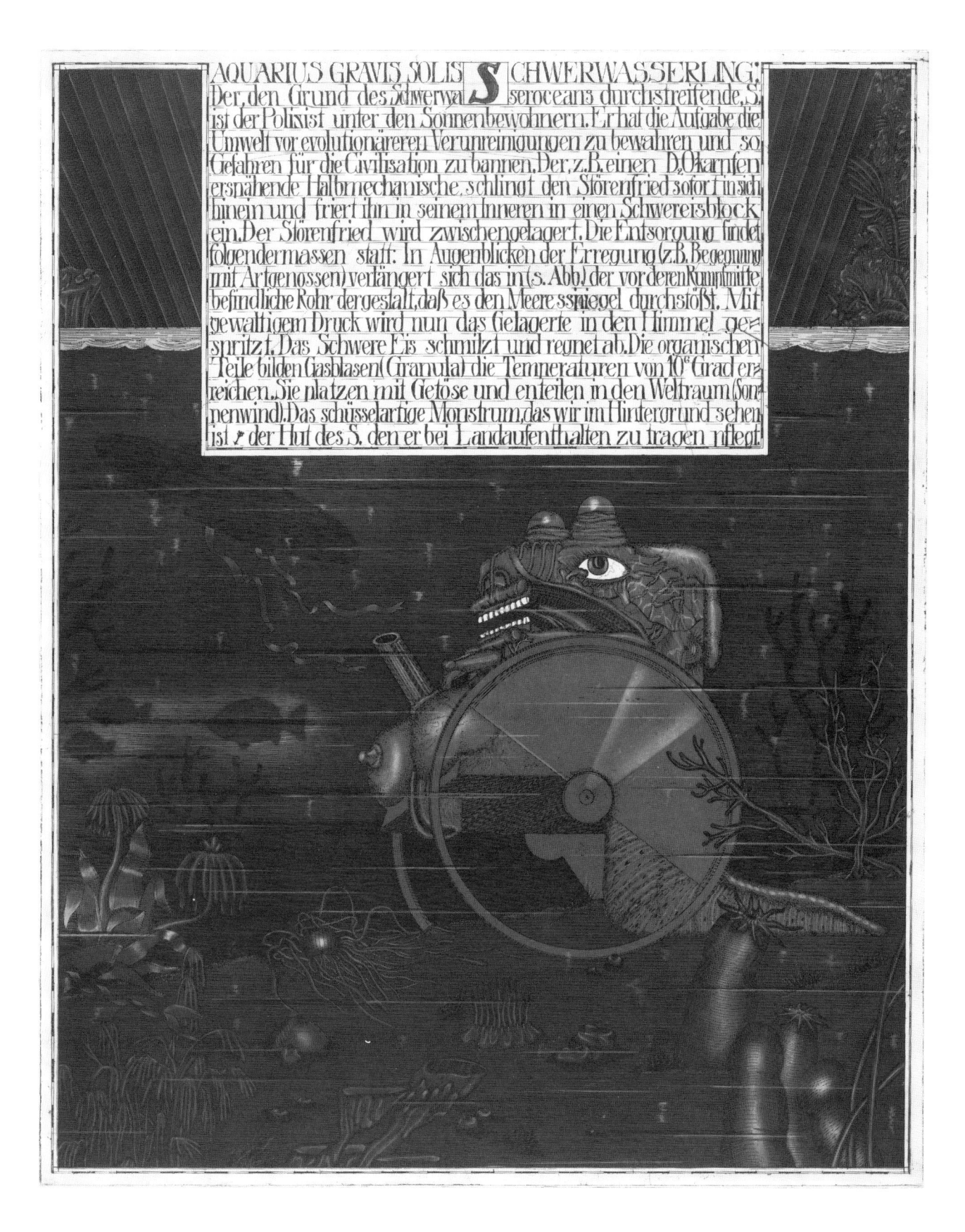

AQUARIUS GRAVIS SOLIS S**CHWERWASSERLING**: Der, den Grund des Schwerwasserozeans durchstreifende, S. ist der Polizist unter den Sonnenbewohnern. Er hat die Aufgabe die Umwelt vor evolutionären Verunreinigungen zu bewahren und so Gefahren für die Civilisation zu bannen. Der, z.B. einen D. Okarnsen ersnähende Halbmechanische, schlingt den Störenfried sofort in sich hinein und friert ihn in seinem Inneren in einen Schwereisblock ein. Der Störenfried wird zwischengelagert. Die Entsorgung findet folgendermassen statt: In Augenblicken der Erregung (z.B. Begegnung mit Artgenossen) verlängert sich das in (s. Abb.) der vorderen Rumpfmitte befindliche Rohr dergestalt, daß es den Meeresspiegel durchstößt. Mit gewaltigem Druck wird nun das Gelagerte in den Himmel gespritzt. Das Schwere Eis schmilzt und regnet ab. Die organischen Teile bilden Gasblasen (Granula) die Temperaturen von 10⁶ Grad erreichen. Sie platzen mit Getöse und enteilen in den Weltraum (Sonnenwind). Das schüsselartige Monstrum, das wir im Hintergrund sehen, ist ♄ der Hut des S. den er bei Landaufenthalten zu tragen pflegt.

Tafel 16
Mütterliche Gefühle beherrschen das Staatswesen.
(Abb. rechts, vergl. Seite 95)

SONNENWEIBLING (MULIERCULA SOLARIS)

Allgemeines: Hauptsächlich im mittleren Sonnenwald (*silva vetusta s*) lebendes komplexes Staatswesen aus 10⁸ Einzelsystemen (Bürger). Der Staat besteht aus organischen Bestandteilen sowie dem metallischen Bürgerspeicher, der seinen hinteren Teil bildet. Die Bürger sind dort als Informationen eingelagert. Ihre Gefühlswelt ist mit den organischen Teilen des Staatswesens verkabelt, so daß sie Gefühle wie Wärme, (Kälte)

selten Hunger, Durst usw. völlig normal empfinden. Die Kuppel ist der Konjugator, der für die Verbundenheit von Bürger und Staat zuständig ist. Will das Staatswesen z.B. einen Schritt machen, einen Apfel essen o.ä., so führt der Konjugator in 1/100 000 sec. eine Volksbefragung durch. Ist nach 3 Wahlgängen keine Mehrheit gefunden, entscheidet der Konjugator. So hat der Staat bei tägl. ca. 10⁸ Abstimmungen besten Bürgerkontakt. Böse Zungen sprechen von Wahlmüdigkeit. Die Zinnen sind Sensoren, die durch die im Wärmeschutzschild der Sonne befindlichen Öffnungen (Sonnenflecken) interstellar kommunizieren.

Die Geschichte vom Sonderling

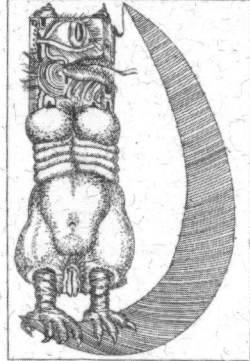

Der Brief, den der Präsident der „Gesellschaft für Anthropologische Forschung und Evolutionslehre" (GAFE) erhielt, war kurz.

„Sehr geehrter Herr Präsident",
nach ausgedehntem Studium der Arten, wie sie sich auf der Erde zeigen, ist es mir gelungen, das Geheimnis der Evolution zu entschlüsseln.
Für eine mündliche Erörterung meiner Thesen stehe ich jederzeit zur Verfügung.

Hochachtungsvoll

Ihr ... *

* Name dem Verf. bekannt.

Dem Brief beigefügt war ein Zettel, auf dem die Theorie beschrieben und in vier Zeichnungen erläutert wurde.
Der Präsident, der ein humorvoller Mann war, studierte das Schreiben eingehend. Er war es gewöhnt, von allerlei Spinnern belästigt zu werden, und er machte sich ein Vergnügen daraus, mit ihnen Kontakt aufzunehmen und sich an ihren verschrobenen Gedanken zu ergötzen.
Er nahm den Telefonhörer ab und wählte die im Briefkopf angegebene Nummer.

Nach höflicher Begrüßung verabredete man sich für den kommenden Abend, er solle nicht vor Einbruch der Dämmerung kommen, sagte eine ruhige, tiefe Stimme, tagsüber ließe die Forschertätigkeit keinen Spielraum für längere Unterredungen.
„Wahrscheinlich ein Verrückter, mindestens aber ein Sonderling", dachte der Präsident, als er den Hörer auflegte.
Die schmiedeeisernen Tore, die an gemauerten Pfosten hingen, waren weit geöffnet, als der Präsident anderen Tags das abgelegene Grundstück des Sonderlings erreichte.
Die Umgebung war idyllisch. Alte Eichen und Kastanien säumten die schmale Auffahrt, die sich zwischen zwei Häusern zu einem Rondell erweiterte. Der Hofplatz war bevölkert mit allerlei Getier, das hier aufzuzählen ich weder Zeit noch Muße habe.

Mit tiefem Knurren sprang ein Hund vor das Auto. Der Körper war mächtig, das Fell war

Die Schlange läßt sich herab, aus ihrer Selbständigkeit herauszutreten und

Teil eines Ganzen zu werden: Der Schwanz des Löwen.

Derselbe fällt ab und wird zum Rudiment eines Palmbaumes, den wir rechts bereits beträchtlich gewachsen,

nun aber zur prächtigen tropischen Pflanze ausgebildet sehen.

schwarz und glänzte. Der große Kopf hatte eine platte Nase, zahlreiche Falten und schwere Behänge. Die bernsteinfarbenen Augen glitzerten bösartig. Der Fang war gewaltig und wies jeden dreisten Eindringling in seine Schranken. Der Schwanz war auf halber Länge kupiert.

Der Präsident zog es vor, im Auto zu bleiben. Er drückte auf die Hupe und musterte die Häuser, während er wartete.

Das Haus zu seiner Rechten schien alt zu sein. Es war verwinkelt, als hätten im Laufe der Jahrhunderte viele Baumeister ihr Können daran erprobt. Die Fachwerkwände waren mit Efeu bedeckt. Hinter bleiverglasten Fenstern schimmerte mattes Licht. Aus einem der Schornsteine kräuselte sich schwärzlicher Rauch, der sich im Geäst der das Haus überragenden Bäume verlor. Das andere Haus, das zu seiner Linken, war dunkel. Es war ein Bauernhaus, wie sie hierzulande üblich sind. Hinter einem schrägen Dachfenster meinte der Präsident einen schwankenden Schatten wahrzunehmen. An der Nordseite wurde der Hof begrenzt durch ein stilles, schmales, dunkles Gewässer, über dem weißlicher Dunst schwebte.

„Herzlich willkommen", sagte die ruhige, tiefe Stimme, die der Präsident schon vom Telefon her kannte. Der Sonderling beugte sich herunter zum Autofenster.

Er war von mehr als mittlerer Gestalt. Zu einer braunen Hausjacke mit beigem Revers trug er ein olivfarbenes Cordhemd, dessen Kragen durch ein Seidentuch zusammengehalten wurde. Die ebenfalls olivfarbenen Beinkleider steckten in kniehohen Stiefeln aus braunem Leder.

Er war jünger, als der Präsident es sich vorgestellt hatte, ein Mann in den besten Jahren. Das Haupthaar war schon gelichtet, die Wangen zierte ein krauser Backenbart, die Lippen waren voll und die Nase ein wenig knollig. Der Blick der hellblauen Augen beunruhigte den Besucher: sie waren dergestalt gegeneinander verstellt, daß der Präsident nicht sagen konnte, ob sie ihn musterten oder den gerade kollernd vorübereilenden Truthahn.

„Steigen Sie nur aus, er tut Ihnen nichts, wenn ich dabei bin", sagte der Sonderling mit einem Seitenblick auf den schwarzen Hund, der sich schwanzwedelnd neben ihn gesetzt hatte.

Der Präsident stieg aus, und sie gingen ins Haus.

„Ich will Sie nicht länger auf die Folter spannen, gehen wir in mein Laboratorium", sagte der Gastgeber, nachdem sie einige Höflichkeiten ausgetauscht hatten. Er geleitete den Besucher die Kellertreppe hinunter. Der Keller war größer, als das Haus vermuten ließ, es war ein Gewölbe, in der Mitte gut mannshoch, an den Seiten nur in gebeugter Haltung begehbar. In der Mitte des Raumes stand eine alte Druckmaschine, der steinerne Fußboden war mit allem möglichen Gerümpel bedeckt, das der Gastgeber, der voranging, mit den Füßen zur Seite stieß. An der hinteren Wand des Gewölbes stand ein Schrank. Der Sonderling öffnete die Tür. Im Inneren des Schrankes führte eine schmale Treppe weiter hinunter. Vorsichtig stolperte der Präsident, gefolgt von seinem Gastgeber, die brüchigen Stufen herab.

Unten war ein weiteres Gewölbe, eine Kammer, nicht mehr als zwei mal zwei Meter im Quadrat. Es war feucht und roch nach Moder und Aas.

„Hier sind meine Präparate", sagte der Sonderling.

In ca. zehn Blumentöpfen steckte in schwarzer Komposterde je ein Hundeschwanz.

„Ich konnte leider keine Löwenschwänze auftreiben in unseren Breiten", sagte der Sonderling bedauernd, „aber ich habe beste Verbindungen zu einigen Hundezwingern, und so versuche ich, aus Hundeschwänzen, die, wie ihre Gestalt verrät, auch einmal Schlangen gewesen sind, Bäume zu züchten.

Nun bin ich mir natürlich darüber im klaren, daß es nicht möglich sein wird, aus dem Schwanz eines deutschen Boxers eine tropische Palme zu erzeugen, wie auf der Abbildung, die Sie sahen, aber eine kräftige Tanne oder eine Kiefer wird sich daraus schon machen lassen."

„Dieser hier", er wies auf einen langen, schwarzen Schwanz, der in einem besonders großen Topf steckte, „ist der Schwanz meines eigenen Hundes, eines italienischen Mastiffs. Ich denke, eine prächtige Pinie wird schon daraus werden."

Der Sonderling holte eine Pfeife aus der Tasche seiner Hausjacke. Nachdem er sie mit Tabak aus einem schwarzen Lederbeutel gestopft hatte, zündete er sie mit einem ovalen, silbernen Feuerzeug an, er rauchte einige Züge, stopfte den Tabak mit einem Pfeifenstopfer sorgfältig nach und setzte sie erneut in Brand. Dichter Qualm ließ sein Gesicht verschwimmen.

Die Stimme des Sonderlings war nachdenklich. „Das soll das größte Geschenk sein, das ich der Menschheit zu machen habe, obgleich meine bisherigen Verdienste, bei aller Bescheidenheit, auch nicht gering zu schätzen sind!"

„Was für Verdienste sind das?" fragte der Präsident, dem es gelang, ernst zu bleiben.

„Nun", eine steile Falte erschien zwischen den Augen des Sonderlings, seine Stimme wurde lauter, „wer war es denn, der die Telepathen entdeckte, wer verkehrte mit den Supermännern von Immeé, wer, so frage ich, erkannte die Möglichkeiten der Teleportation, wer war der erste, der auf die Heimtücke der Raumschwimmer hinwies, wer verhandelte denn standhaft und unermüdlich mit den 'mechanischen Menschen' von Tau-Zeti-Ming, wer wurde und wird nicht müde, wenn es darum geht, die Menschheit vor den Gefahren der Gegenwelt zu warnen? Wer hätte alles das auf sich genommen, wenn ich es nicht getan hätte?"

Seine Stimme war immer heftiger geworden, bei jedem „wer" schlug er mit der flachen Hand auf das Regal, auf dem die Blumentöpfe standen.

Scheppernd stießen die Töpfe aneinander. Die Hundeschwänze schwankten zitternd hin und her, als wären sie mit Leben erfüllt. Er stand dicht vor dem Präsidenten, draußen auf der Kellertreppe heulte der Hund.

Dem Präsidenten war ungemütlich zumute, er spürte, daß es besser wäre, diesen Ort zu verlassen.

„Sind sie denn angewachsen?" fragte er um abzulenken und wies auf die Hundeschwänze.

„Das ist es ja, warum ich Ihren Rat suche", sagte der Sonderling, „sie sind noch nicht angewachsen." „Haben Sie sie denn regelmäßig gegossen und ausreichend gedüngt"? fragte der Präsident.

„Ich gieße sie jeden Morgen und habe besten Kompost und ausschließlich reinen Naturdünger verwendet", der Sonderling zuckte mit den Schultern.

Beide dachten nach.

„Vielleicht fehlt es ihnen an Sonnenlicht", sagte der Präsident.

„Natürlich, das ist es, das Sonnenlicht! Ich weiß nicht, wie ich Ihnen danken soll", rief der Sonderling erfreut, er schlug sich an die Stirn, „darauf hätte ich selbst kommen müssen."

„Das geht mir auch so", sagte der Präsident, „manchmal sind es gerade die einfachsten Dinge, an die man nicht denkt."

„Ich rufe Sie an, wenn sich etwas regt."

„Bitte vergessen Sie das nicht!"

Die beiden verließen das Laboratorium, der schwarze Hund jaulte erfreut und wedelte mit seinem Schwanzstummel.

„Bitte verzeihen Sie die Neugierde, aber was machen Sie in dem zweiten Haus", fragte der Präsident und wies über den Hof.

„An sich lasse ich keinen Fremden in diese Werkstatt", der Sonderling nahm den Präsidenten am Arm, „aber da Sie mir einen unschätzbaren Dienst erwiesen haben, will ich eine Ausnahme machen."

Sie überquerten den Hof, und der Sonderling schloß die Tür auf. Mit einer einladenden Handbewegung ließ er den Präsidenten eintreten.

Mitten in dem großen Raum stand eine alte

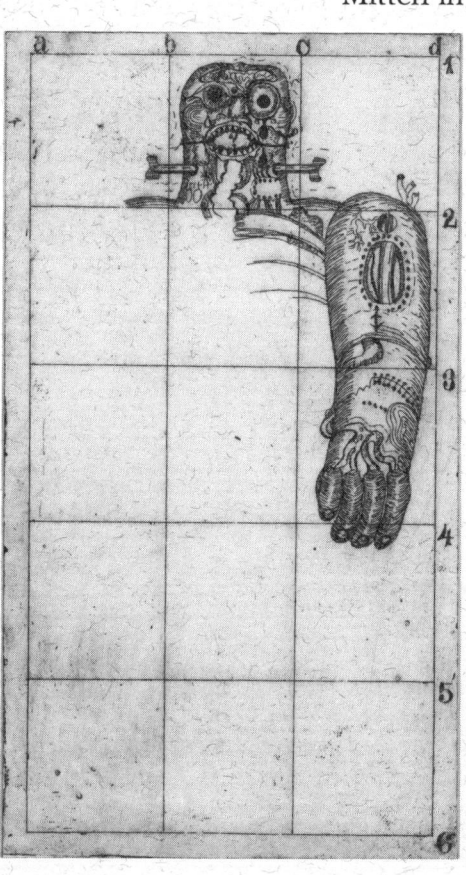

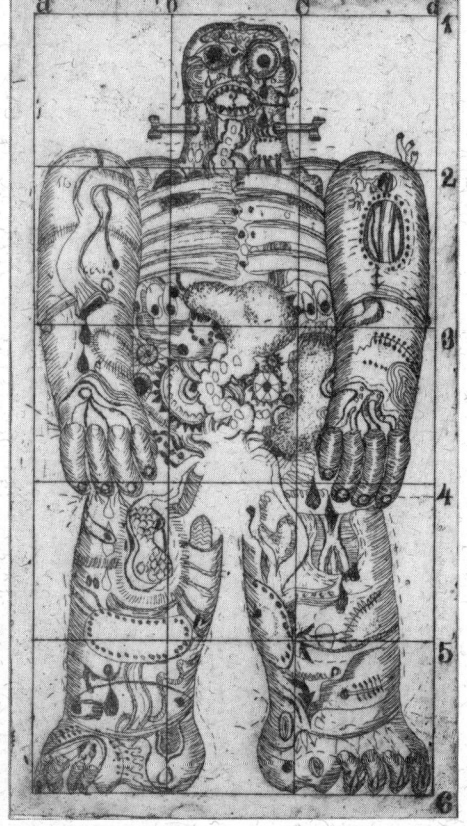

Schnellpresse. An den Wänden waren Schränke, in deren halboffenen Schubladen Bleilettern grau schimmerten. Fußboden und Tische waren mit merkwürdigen Skizzenbogen bedeckt.
„Ah, Sie sind Künstler", sagte der Präsident.
„Nein, nein", wehrte der Sonderling ab, „aber auch wir Forscher sind darauf angewiesen, den einen oder anderen Einfall zu skizzieren, um unsere Erfindungen mit den Augen prüfen zu können!"
Auf einem Tisch lag eine grob aus Lehm geformte menschliche Figur.
Die Glieder waren noch nicht zusammengefügt und lagen kreuz und quer durcheinander. Verworfene Gliedmaßen lagen unter dem Tisch verstreut.
Der Präsident, dem es gruselte, verabschiedete sich bei der ersten Gelegenheit; er hätte sich schon viel länger aufgehalten als vorgehabt, sagte er. Der Sonderling bedankte sich noch einmal, er werde von sich hören lassen, versicherte er – und öffnete die Tür.
Lautes Poltern und ein entsetzliches Brüllen ließ sie herumfahren.
„Schnell, kommen Sie, wir müssen ihn beruhigen", rief der Sonderling und rannte zurück in die Werkstatt, der Präsident folgte ihm zögernd.
Sie eilten durch eine Seitentür der Werkstatt, eine schmale Treppe hinauf und befanden sich in einem großen Raum, der sich über die Hälfte des Hauses erstreckte und früher einmal der Dachboden gewesen sein mußte.

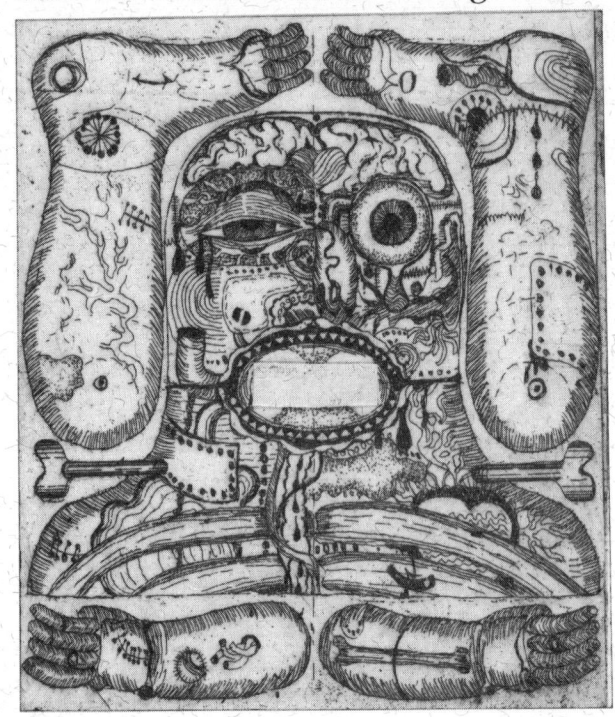

Mitten im Raum stand ein übergroßer Tisch, an dem ein übergroßer Stuhl stand. Auf einem übergroßen Bett, das mit einem übergroßen Strohsack bedeckt war, sah der Präsident ihn liegen.
Er war mindestens drei Meter groß. Sein ganzer Körper einschließlich des Gesichts und der Hände war mit Bandagen umwickelt. Am Kopf war ein Spalt in den Bandagen, aus dem zwischen Wülsten fahlgelber Haut ein dunkelrotes Auge glühte. Arme und Beine zuckten zitternd, sie waren mit einfachem Strohband an den Bettpfosten angebunden. Der Brustkorb hob sich in krampfhaften Atemzügen. Dumpfes Stöhnen und gedämpftes Brüllen kam unter den Bandagen hervor. Der übergroße Nachttisch war umgefallen.
Der Sonderling zog eine Injektionsspritze aus der Tasche seiner Hausjacke und stach sie in die Bandagen irgendwo im Oberschenkel des Monstrums. Das Zittern ließ langsam nach und das Brüllen verstummte.
Entspannt lag der Riese da, seine Atemzüge waren kaum noch wahrnehmbar.
Der Sonderling richtete sich auf.
„Es ist mir peinlich, daß Sie das sehen mußten, lieber Präsident", sagte er, „er ist mir mißlungen. Ich formte ihn aus Lehm und erweckte ihn zum Leben, aber er ist schwach trotz seiner Größe. Sie sehen es an den dünnen Stricken, die ihn mühelos festhalten.

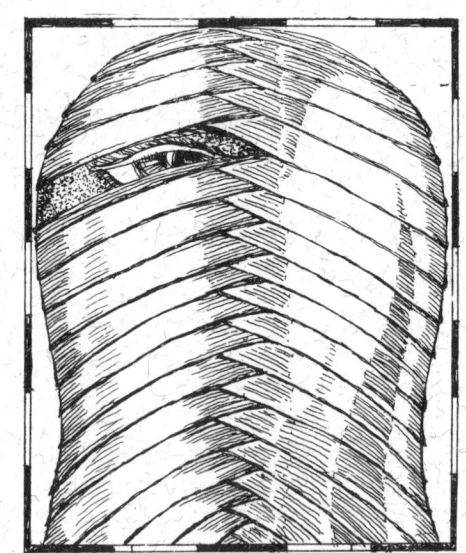

Er kann nicht sprechen und versteht weniger als der Hund, er frißt Unmengen und ist zu nichts nutze.
Bitte erzählen Sie niemanden von meinem Mißerfolg."
Seufzend geleitete er den Präsidenten zum Auto.

Die Geschichte vom Kommandeur und seinem treuen Gehilfen.

ommandeur K. H. war ein stattlicher Mann in den mittleren Jahren. Sein einstmals hübsches Gesicht war etwas aufgeschwemmt und von interessanten Falten durchzogen, das gekräuselte, noch blonde Haar war dicht, winzige Narben um die Augen entlarften den Raufbold, und der wissende Blick der stets leuchtenden Augen sowie der sinnliche Schwung seiner Lippen zeugten von häufigen Ausschweifungen. Die Figur wirkte sportlich, selbst wenn kleine Fettpolster um die Hüften ihn als Liebhaber erlesener Speisen und anregender Getränke auswiesen. Das leichte X der Beine paßte nicht recht zu der ganzen Erscheinung, wurde aber durch häufiges Verbergen derselben unter Kneipentischen vortrefflich kaschiert.

H. G., sein Adjutant, folgte ihm in hündischer Ergebenheit. Er war dank der Größe seiner Gestalt und der Kraft seiner Arme aber auch häufig der Retter in der Not, etwa dann, wenn sein Herr mit zu großen, schweren Gegnern Streit von Zaune brach, den der Gehilfe, nachdem er sich der Brille entledigt hatte, gewöhnlich zur Zufriedenheit des Kommandeurs beilegen konnte.

Die beiden waren ein gutes Gespann, wie man so sagt. Sie waren appetitliche Erscheinungen und recht erfolgreich, wenn sie ihrer Lieblingstätigkeit nachgingen: der Jagd nach dem schönen Geschlecht.

Wir treffen sie auf einem Planeten im Sternbild Adler, dessen Namen ich hier nicht mitteilen kann, da uns zur Niederschrift desselben einfach die Buchstaben fehlen, so kompliziert ist er. Wir treffen sie also wieder in einer Welt aus Glas, Kristall und unbekannten Metallen, getaucht in strahlende Helligkeit. Das Klima ist angenehm.

Die Reise hatte diesmal ziemlich lange gedauert, nirgendwo auf den besuchten Planeten war es dem Freundespaar gelungen, weibliche Wesen zu finden, die hinsichtlich ihres Wuchses, ihrer Geistesgaben und ihrer Hingabebereitschaft dem erlesenen Geschmack erfahrener Wüstlinge entsprachen. Lediglich eine bis dahin unbekannte Art von Gliederfüßlern, ebenfalls im Sternbild Adler, hatte ihre Aufmerksamkeit wecken können, ihre Verführungskünste scheiterten aber an der Aufmerksamkeit der Männchen, da diese bereit waren, ihre Gattinnen bis aufs Blut zu verteidigen.

Kräftige Hörner an den Köpfen sowie ein Giftstachel an ihrem hinteren Ende ließen es den Reisenden geraten erscheinen, das Weite zu suchen.

Hier schienen die Voraussetzungen günstig: In den Ecken des Raumhafens standen bequeme Fauteuils, süße Musik lag in der Luft, es duftete nach noch nie gerochenen Blumen, Türen öffneten und schlossen sich automatisch, und in zarten Tönen leuchtende Pfeile wiesen den Freunden den Weg.

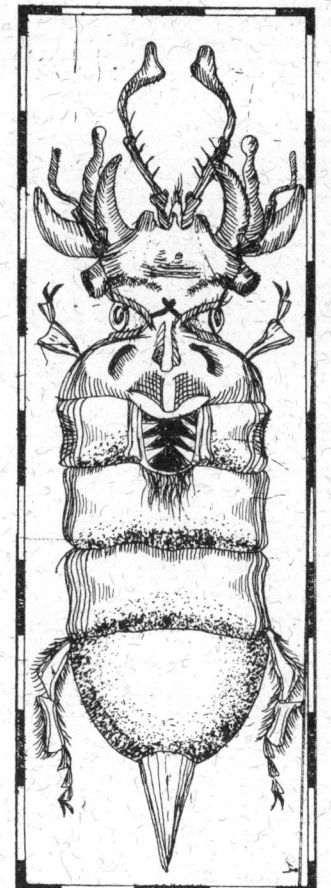

Auf einem breiten Rollband, das aus einer zähen, elastischen Flüssigkeit zu bestehen schien, da es in der Mitte schneller vorwärtsglitt als an den Rändern, huschten sie durch das Flughafengebäude.

„Wo mögen nur die Bewohner sein, Chef?" fragte der Adjutant. Der Kommandeur zog die Mundwinkel nach unten und zuckte wortlos mit den Schultern. „Glaubst Du, die Mädchen hier sind das, was wir suchen, Chef?" fragte der Adjutant. Der Kommandeur wiederholte die eben beschriebene Geste. Das Band hielt sanft vor einer Tür, über der ein rotes Lämpchen glühte. Auf eine entsprechende Geste des Kommandeurs öffnete der Adjutant die Tür und ging hinein, der Kommandeur wartete. Nach einiger Zeit erschien der Adjutant wieder: „Es ist wunderschön hier, Chef", sagte er. Der Kommandeur betrat den Raum. Es war ein geräumiges, achteckiges Zimmer. An zwei Wänden standen breite, französische Liegen, an zwei anderen Glastischchen mit den feinsten Toilettenartikeln, an den nächsten waren Badewannen in den Boden eingelassen, an einer befand sich die Tür zum Klosett und an der letzten Wand hing ein Bild. In der Mitte des Raumes stand ein Tisch, der mit den erlesensten Speisen sowie mit Karaffen voll einer dem Wasser ähnlichen Flüssigkeit überladen war.

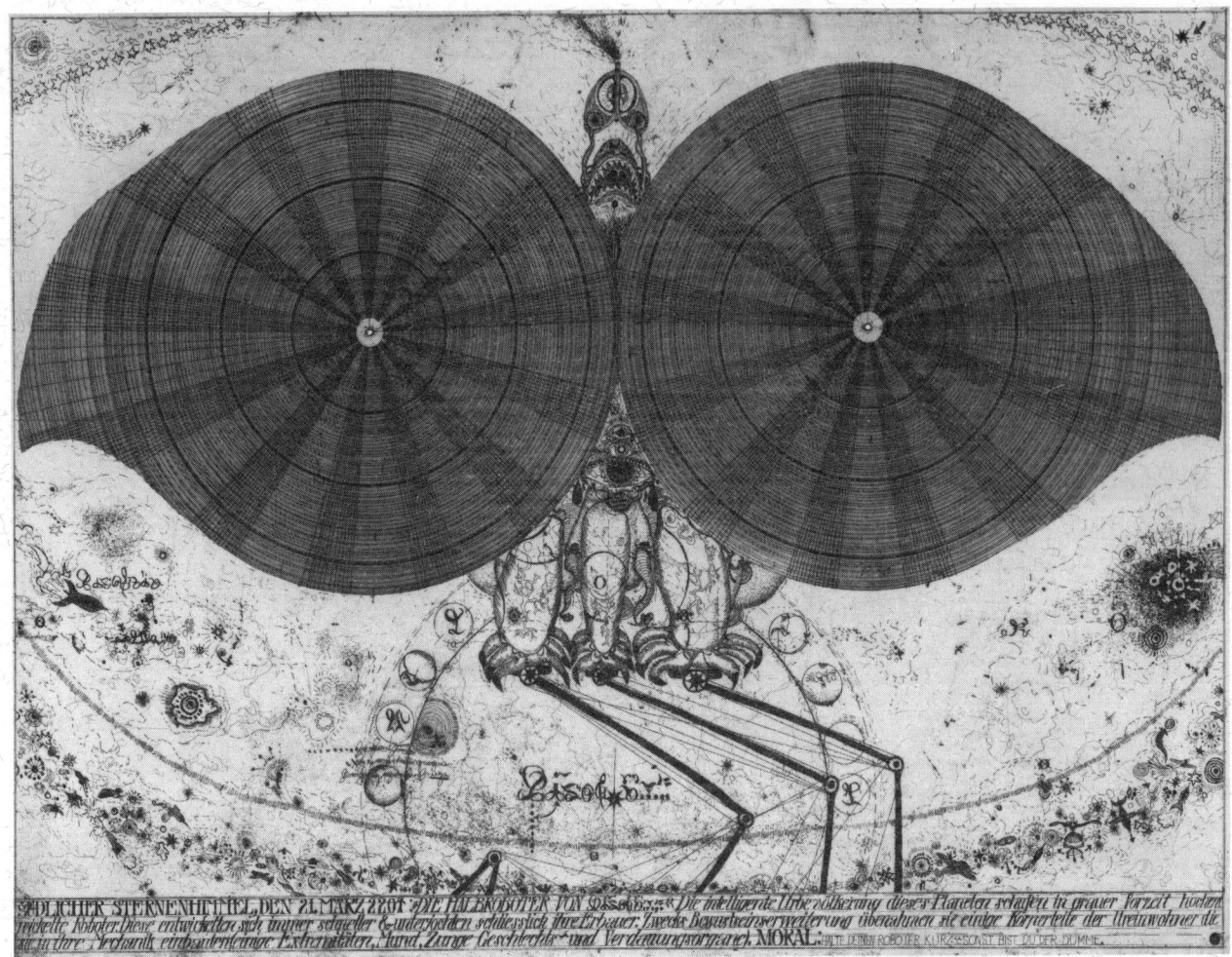

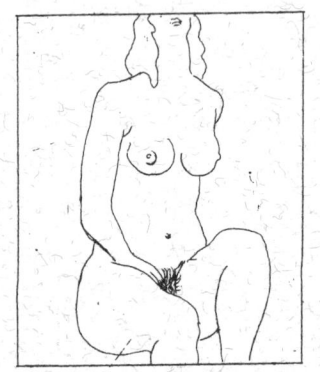

H. G. stand vor dem Bild, auf dem er ein junges Mädchen erblickte, das mit spitzen Fingern an seinem Schamhaar zupfte und dessen Mund zu einem O gerundet war.

„Ist sie nicht wunderschön, Chef?" fragte der Adjutant. Der Kommandeur, der das Bild lange musterte, zog die Mundwinkel nach unten und nickte mit dem Kopf. Der Adjutant, der sich nach dem langen Flug etwas verschwitzt vorkam, nahm ein Bad, während sein Vorgesetzter den Inhalt der gläsernen Karaffen einer gründlichen Prüfung unterzog. Danach labten sich beide an den Speisen und Getränken, die auf dem Tisch in der Mitte des Zimmers standen.

Mit etwas unsicheren Schritten begab sich der Kommandeur wenig später zur Ruhe, der Gehilfe saß noch lange wachend an seinem Bett, bevor auch ihn ein unruhiger Schlummer überwältigte.

Am Morgen badeten beide, der Adjutant putzte sich die Zähne, und sie machten sich daran, die Reste der herrlichen Speisen zu verzehren.

„Sieh nur, Chef, hier hat sich etwas verändert, da ist ein Fahrstuhl", sagte H. G. und zeigte auf die Wand, an der am Vorabend das Bild gehangen hatte.

Die Wand hatte sich geöffnet, und sie sahen in einen kleinen Raum mit silbern glänzenden Wänden, dessen hintere Seite aus Glas war. Der Kommandeur zog die Mundwinkel nach unten und nickte. Er hatte diese Veränderung längst wahrgenommen. Nachdem sie ihre Ausgehanzüge angezogen und noch einen Blick in den Spiegel geworfen hatten, hofften sie, doch jetzt bald die Schönen des Planeten kennenzulernen, und sie begaben sich in den kleinen Raum. Der Fahrstuhl setzte sich in Bewegung, es ging abwärts.

„Es ist warm hier, Chef." Der Adjutant wischte sich mit seinem Ziertaschentuch den Schweiß vom Schnurrbart.

Als der Fahrstuhl schließlich anhielt, sahen sich die Freunde erstmals, durch die gläserne Wand, den Eingeborenen gegenüber.

*

„Bald müssen sie gar sein", sagte Halbrobot K4371Z zu seinen Landsleuten und stellte die Temperatur in der Bratröhre auf die entsprechende Stärke.

Die Geschichte von einem Professor, der im Dienste der Wissenschaft auf einiges verzichten mußte.

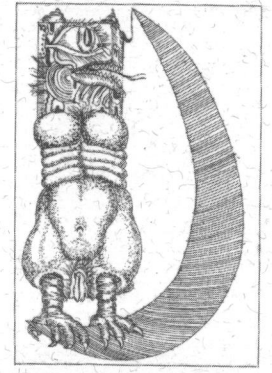

as Raumschiff landete auf Asyth, der Insasse, Prof. Liber, war in geheimer Mission unterwegs. Der Professor, mit etwas über dreißig Jahren ungewöhnlich jung, kletterte behende die steile Leiter an seiner Rakete herunter.

Seine scharfen Züge wiesen auf indianische Abstammung hin, das Lächeln zeigte Zähne, die dringend einer Behandlung bedurft hätten, einer Maßnahme, der sich der junge Gelehrte aber aus Zeitmangel nicht unterziehen konnte.

Der Teppich für Staatsbesucher war ausgelegt, das Zeremoniell, das wußte der Diplomatensohn, würde er mühelos bewältigen. Den Reisenden erwarteten am Ende des Teppichs der Präsident von Asyth nebst Frau und Tochter, flankiert von zwei ungewöhnlich großen Schlickwirs, deren Kämme hier, wie mancherorten üblich, gestutzt waren.

Der Präsident war eine vierschrötige Erscheinung, bei der der große Kopf direkt auf den Beinen saß, zwischen denen sich ein Behälter befand, in denen die Asyther ihre lebenswichtigen Organe mit sich führen. Seine Frau stand ihm in bezug auf Schwerfälligkeit nur wenig nach, lediglich die Tochter war von verhältnismäßig graziler Gestalt, auch wenn sie wahrlich in keinem Schönheitswettbewerb eine Medaille gewonnen hätte.

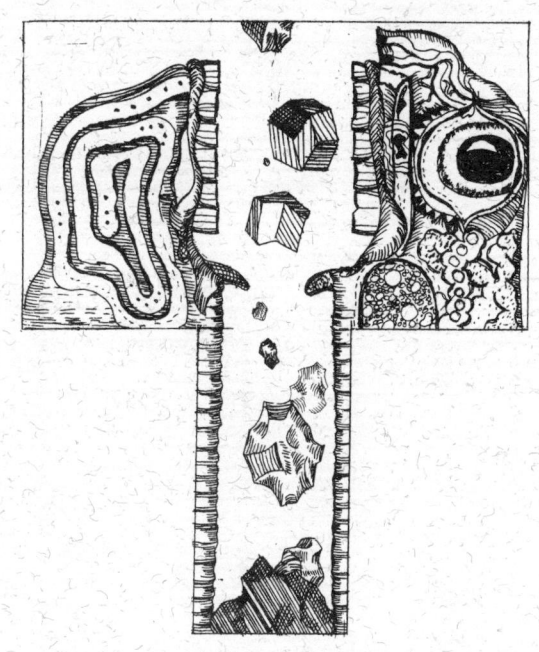

Alle drei waren natürlich aus Silizium, ihre Haut bestand aus kleinen Schuppen, die in Wirklichkeit kleine Steine waren, die im Licht der untergehenden Sonne ölig glänzten. Langsam, mit gemessenen Schritten, wobei der Professor sich dem Tempo seiner steinernen Gastgeber anpassen mußte, begab man sich in die Residenz des Präsidenten, wo das Festmenü zu Ehren des Staatsbesuchers angerichtet war.

Es war eine für asythische Verhältnisse ungewöhnlich üppige Tafel: Als Vorspeise gab es Smaragde, mit Granaten garniert, danach feinen Bergkristall im Kieselsteinmantel. Das Hauptgericht war geäderter Marmor auf feinem Flußsand mit schwerem Granit als Beilage, die Nachspeise bestand aus gebrochenem Tuffstein und danach wurden noch Schalen mit vermischten Diamanten zum Naschen auf den Tisch gestellt.

Professor Liber, der seinen eigenen Proviant dabei hatte, rührte alle diese Speisen nicht an. Es gelang ihm aber, zwischen Hauptgericht und Nachspeise seiner Tischdame, der Toch-

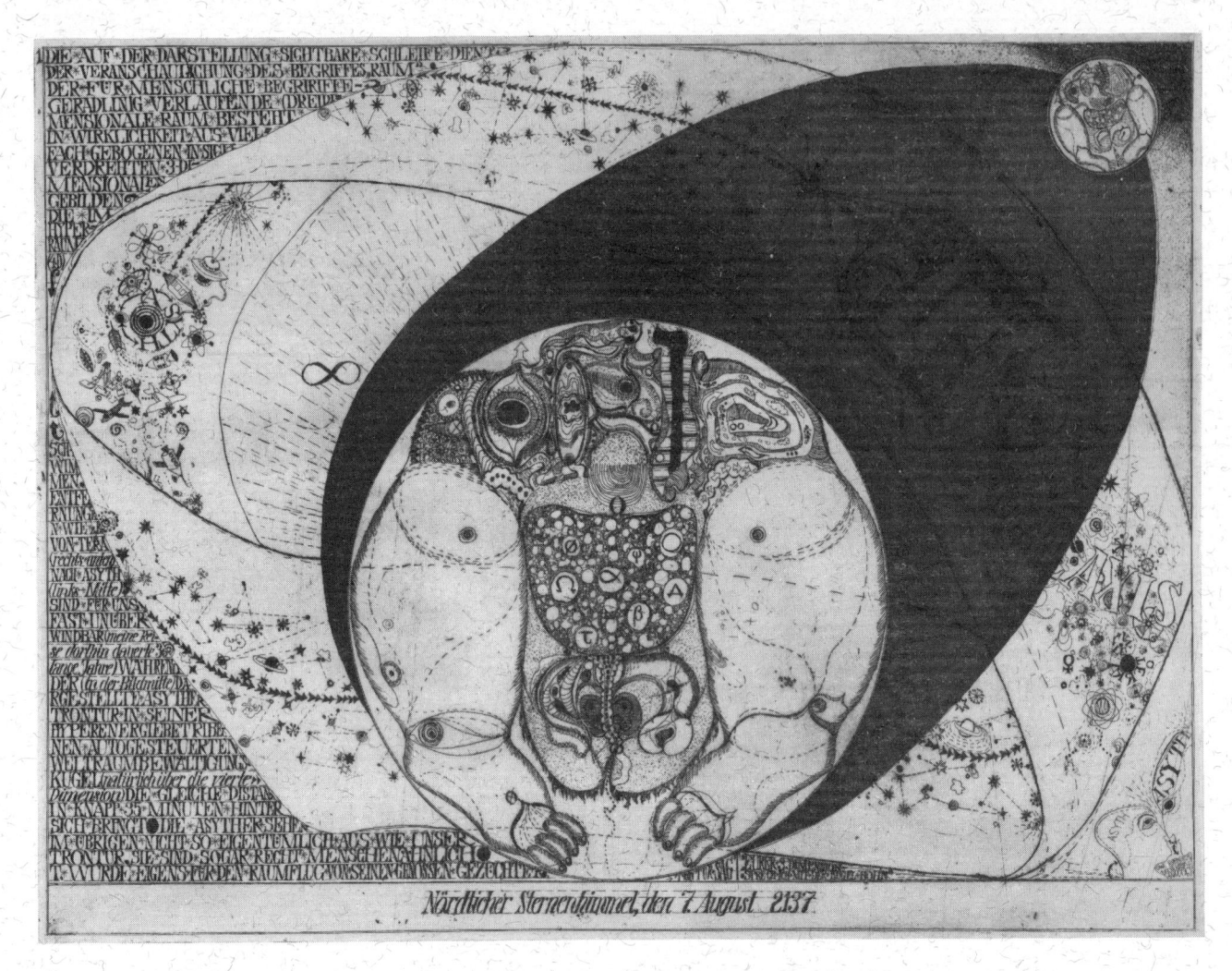

ter des Präsidenten, einen Zettel zuzustecken, auf dem in fließendem Asythisch drei Worte standen: Ich liebe Dich!
Die Asyther aßen mit herzhaftem Appetit, die Unterhaltung war lebhaft und wurde nur unterbrochen von dem Poltern, mit dem die Lebensmittel in den Schlünden der Steinernen versanken.
Vor der Tür war ständig ein kratzendes Geräusch zu hören. „Das ist", sagte der Präsident, als er den fragenden Blick seines Gastes sah, mit seiner rauhen Stimme, die er erzeugte, indem er in seinem Inneren Steine gegeneinander rieb, „unser Tier, es hockt auf der Schwelle und versucht standhaft, aber glücklos in seinem Ungeschick, Steine in Gold zu verwandeln." „Komm herein, Tier!" rief er mit lauter Stimme. Herein kam ein Wesen, das aus der Ferne an einen Menschen erinnerte. „Wie kommst du voran mit deiner Arbeit?" fragte der Präsident. „Herrlich", antwortete das Tier und verschwand wieder.
Der Abend verlief harmonisch, und schließlich beschloß man, sich zur Ruhe zu begeben, der Professor hatte einen schweren Arbeits-

tag vor sich, denn die „Intergalaktische Konferenz zur Erforschung der Hypersprünge", der Grund seines Hierseins, sollte anderen Tags ihren Anfang nehmen.
Liber sah noch einmal seine Notizen durch, und nachdem er vergeblich versucht hatte, ins Schlafzimmer der Präsidententochter einzudringen, ein Versuch, der nicht bemerkt wurde und deshalb ohne Folgen blieb, legte er sich ins Bett und war bald darauf eingeschlafen.
Das Frühstück am nächsten Morgen war spartanisch. Der Präsident begnügte sich mit einigen Kieselsteinen, die er sichtlich widerwillig zermalmte; der Arzt habe ihm den vielen Marmor verboten, führte er aus, Männer in seinem Alter müßten sehr auf ihren Siliziumspiegel achten. Seine Tochter aß nichts und vermied den Blick des Gelehrten. Schamhaft blickte sie auf ihren Teller, sie hatte wohl das nächtliche Rütteln an ihrer Zimmertür bemerkt. Der Professor, der seine Arbeit im Kopf hatte, war ungewöhnlich wortkarg, die Frau des Präsidenten war nicht erschienen, eine kleine Unpäßlichkeit, sagte dieser be-

dauernd; so waren alle froh, als sie die Mahlzeit beendeten und sich höflich voneinander verabschiedeten.

Das Gebäude, in dem die „1. Intergalaktische Konferenz zur Erforschung der Hypersprünge" stattfinden sollte, wurde von grimmig blickenden Schlickwirs streng bewacht. Die Tasche des Gelehrten wurde einer sorgfältigen Prüfung unterzogen, seine Kleidung wurde gewissenhaft abgeklopft, die Zigarren mußte er beim Portier deponieren, eine Bombendrohung sei eingegangen, entschuldigte sich der auf Verlangen des Wissenschaftlers herbeibeorderte Polizeichef.

Im Konferenzraum war alles auf eine merkwürdige Art anders, als Liber es sich vorgestellt hatte. Er, der doch auf Tagungen zu Hause war, der alle Winkel der Galaxis kannte wie sein eigenes Gesicht im Spiegel, war überrascht: Kollegen aus allen Zivilisationen der Milchstraße waren angereist. Alle Kollegen steckten bis zum Hals in einer schwarzen, gallertartigen, dem schweren Heizöl ähnlichen Flüssigkeit, die in einem Bassin schwappte, das den ganzen Raum einnahm, mit Ausnahme eines Ganges, der darum herumführte, in dessen Wänden sich zahlreiche Türen befanden, an denen Namensschilder angebracht waren.

„Willkommen, lieber Liber", sagte einer der Köpfe, „ich bin Karama, der Gastgeber hier, wir warten schon auf Sie, Sie sind der letzte, bitte legen Sie doch ab und leisten Sie uns Gesellschaft."

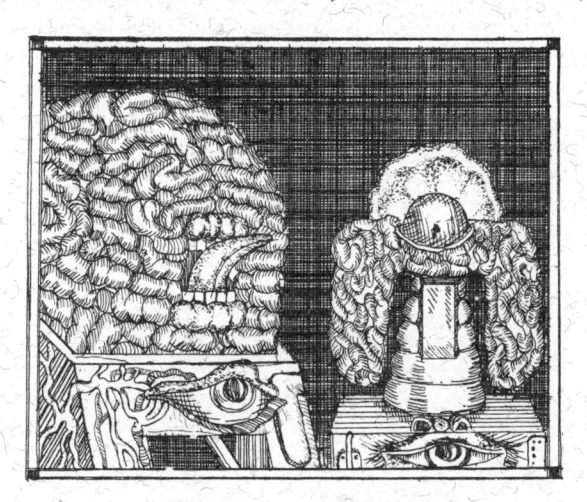

Eine Antenne, die aus seiner Stirn erschien, deutete auf eine der Türen, und wirklich, „Prof. Ch. Liber", stand auf dem Schild, welches an ihr befestigt war.

Je länger - je Liber, dieses Bonmot hatte eine seiner zahlreichen Geliebten geprägt, und so wunderte der Gelehrte sich nicht, daß die zahlreichen Kollegen im Gallert seinen Körper mit neidischen Blicken maßen, als er nackt aus der Kabine trat.

Er ließ sich vorsichtig ins Bassin hinab und Karama begann mit seinem Vortrag. Eine Flut von Formeln und Gleichungen prasselte auf die Wissenschaftler herab, sodaß es selbst den erfahrensten und gelehrtesten unter ihnen den Atem verschlug. Überlegungen von derartiger Komplexität wurden ihnen mitgeteilt, daß viele ohnmächtig niedersanken und von geschwind herbeigeeilten Dienern vor dem Erstickungstod gerettet werden mußten, so groß war die Anspannung, der ihr Gehirn ausgesetzt war. Einer nach dem anderen mußte den Saal räumen. Einige wurden wahnsinnig und konnten erst durch das Anlegen einer Zwangsjacke gebändigt werden, andere versuchten, sich mit eigener Hand das Gehirn aus dem Schädel zu reißen, da sie meinten, ihr Kopf werde gesprengt von den gewaltigen Gedanken. Mitten in diesem Wirrwarr hockten nur noch Prof. Liber und Karama still im Bassin, Liber war wunderlich zumute, er hatte alles verstanden, glasklar standen die Formeln vor seinen Augen, das große Geheimnis war enthüllt, den Schlüssel zum Kosmos hielt er in der Hand.

In tiefe Gedanken versunken, stieg er aus dem Gallert und stellte sich unter die Dusche. Da sah er es. An der Stelle zwischen seinen Beinen, an der einst sein stolzes Glied den Kopf erhob, war alles eben, wie eine Schildkrötenpuppe sah er aus, ein Gefühl der Leere bemächtigte sich seiner, als er diese wüste Stelle musterte. In stummem Entsetzen blickte er auf Karama.

„Nichts ist umsonst, lieber Liber", sagte der greise Kollege, „die schwarze Gallerte, in der Du Dich befandest, ist in Wirklichkeit ein lebendes Wesen, mein Gehilfe. Ich gab ihm den Auftrag, dafür zu sorgen, daß Du Dich ungestört konzentrieren konntest. Er erfüllte diese Pflicht gewissenhaft und nahm Dir das, welches Dich daran hinderte, ein Genie zu sein. Du wirst jetzt Zeichen setzen im Kosmos, ein Vorbild der Jugend sein, ein Jahrtausendgenie wie es dieses noch nicht gegeben hat in der Galaxis."

Und wirklich, Prof. Liber fühlte etwas ganz Neues in sich, sein ganzes Inneres war erfüllt von Formeln und Ideen, strahlend und klar, wie er sie nie gekannt. Tränen der Freude leuchteten in seinen Augen, als er sich mit seiner Rakete auf den Weg machte.

Bekenntnis

Gereiftes Alter und Ehrfurcht vor der Wahrhaftigkeit zwingen mich, den von mir 1976 veröffentlichten Atlantis-Bericht neu zu formulieren.
Jeder Forscher kann irren, er muß aber den Mut besitzen, Irrtümer einzugestehen und, wo möglich, durch neue Erkenntnisse zu ersetzen.
Auch eigene Schwächen zu erkennen und sie der Öffentlichkeit preiszugeben, gehört zu seinen, allerdings bittersten Pflichten.
Mit ganzer Kraft der Wissenschaft dienen, keine Rücksicht auf eigene Belange dulden und das Erkannte demütig berichten, das muß und kann die Menschheit von uns Kosmogonisten verlangen!
Ich bekenne, hinsichtlich des Abenteuers mit Neith zu Sais ein wenig aufgeschnitten zu haben, wollte ich doch, wie leider mancherorten üblich, meinem Bericht durch die Kraft der Erotik weitere Verbreitung verschaffen. Wahr ist, daß ich die oben erwähnte Person nie gekannt habe und daher auch keine Beziehungen zu ihr pflegen konnte.
Ich bekenne, sowohl in Kleinigkeiten, ich hatte z.B. nie einen Kashmir-Schlafrock, als auch in größeren, wichtigeren Fragen, etwa die Person des Noah betreffend, den Leser betrogen zu haben. Möge man einiges der jugendlichen Unreife zugute halten!
Auf den nächsten Seiten findet der Leser eine rücksichtslose und ungeschminkte Darstellung der Dinge, wie sie sich in Wirklichkeit zugetragen haben.
Möge er danach den Stab über mich brechen!

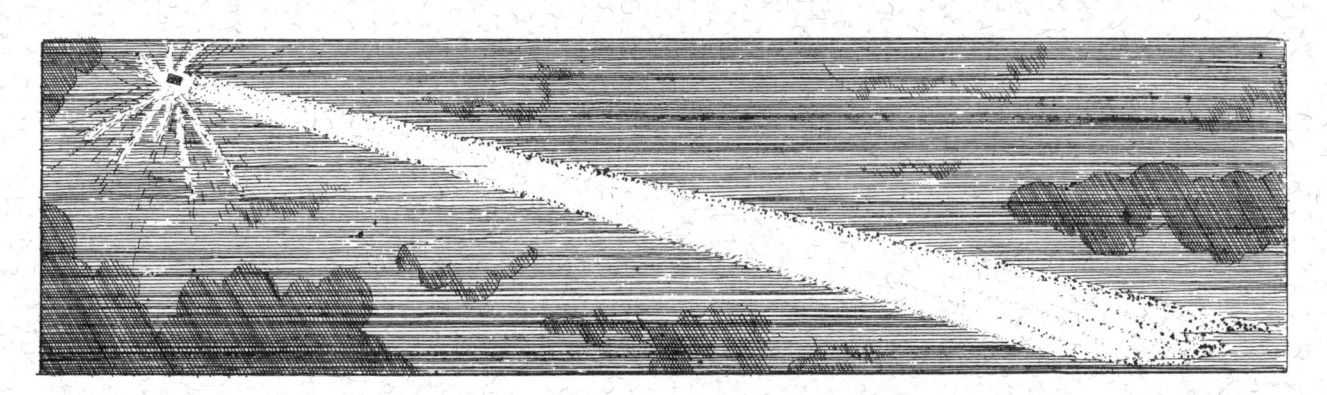

Der Meteor

Zwischen Weiden- und Erlenbüschen, inmitten eines Brennesseldickichts lag er vor mir. Meine Augen hatten den glühenden Streifen verfolgt, meine Ohren den kanonendonnerähnlichen Knall gehört, als der Meteor vom Himmel fiel. Er lag in einer kleinen Mulde, die Brennesseln um ihn herum hatten geschwärzte Blätter, so als wären sie mit etwas Giftigem in Berührung gekommen. Vorsichtig trat ich sie auseinander, um den Meteoriten näher zu betrachten.
Steinern, die Farbe ein schmutziges Rosa, die Oberfläche speckig glänzend, die abgeflachten Kanten unregelmäßig gesplittert, bot er einen fremdartigen Anblick. Die Form war oval, er war etwa handgroß. Etwas sträubte sich in mir, als ich nach ihm griff.
Er lag auf meiner flachen Hand, ich hatte ihn erst vorsichtig mit den Fingerspitzen berührt und ihn nur noch mäßig warm gefunden.
Er war ziegelsteinschwer, aber von einer unbekannten, seifigen, elastischen Beschaffenheit.
Auf seiner Unterseite war ein Vorsprung von rechteckiger Gestalt. Als meine Finger forschend darüber fuhren, schrak ich zusammen.
„Ich bin", lispelte der Meteor surrend, „nicht von dieser Welt."
Zwischen uns entspann sich ein Dialog, den ich hier ohne jedes schmückende Beiwerk und ohne eigenen Kommentar niedergeschrieben habe.

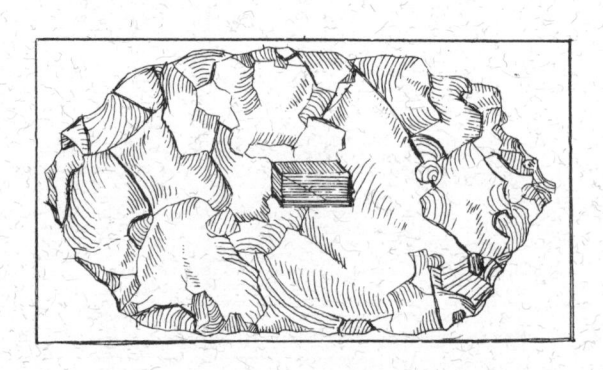

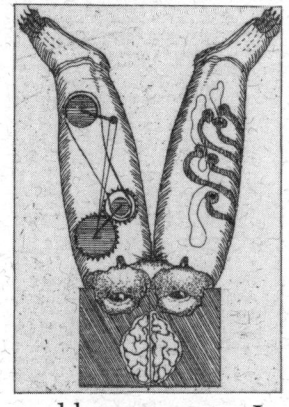

Verfasser:
Wer bist Du?
Meteor:
Ich bin die cybernetische Einheit 16240-U und komme vom Janus, dem zehnten Planeten dieses Sonnensystems, den Ihr häufig mit Venus verwechselt.
Verfasser:
Den Janus kenne ich wohl! Weit draußen, jenseits des Pluto zieht er seine Bahn, wie sollte ich ihn mit Venus verwechseln?
16240-U:
So wisse, daß Janus ursprünglich auf der Venusbahn kreiste. Als wir ihn nach draußen manövrierten, entrissen wir dem Jupiter einen Himmelskörper und warfen ihn auf die Janusbahn. Die Wunde, den roten Fleck, trägt er noch heute. Venus trat an unsere Stelle. Alte Sagen erinnern Euch an diesen Vorgang, große Gelehrte versuchten, Euch darauf hinzuweisen, allein Ihr hörtet nicht auf sie.
Verfasser:
Heiliger Immanuel, einiges kommt mir bekannt vor! Wie soll ich Dir glauben, daß unscheinbare Stein-Klötzchen wie Du mit Planeten jonglieren wie unsereiner mit Billardkugeln?
16240-U:
Das ist nicht schwer, wenn man die paar Dinge besitzt, die man benötigt. Das sind: zwei Sternstaubsauger und einige Kilo Antimaterie. Wir postierten die beiden Sternstaubsauger jeweils auf der Erde und auf dem Pluto. Dann pulverisierten wir zuerst den auf der Venusbahn kreisenden Janus mit einem Teil der Antimaterie. Die Bevölkerung war zuvor auf den Jupiter evakuiert worden. Der auf Pluto stationierte Sternstaubsauger saugte nun die Januspartikel auf, und der Planet mußte nur noch in seine neue Umlaufbahn gelenkt werden. Die auf Jupiter wartenden Janusier konnten nun wieder in die Heimat zurückkehren. Nachdem sie Jupiter verlassen hatten, zündeten sie dort den Rest der Antimaterie, der auf der Venusbahn wartende Sternstaubsauger saugte die Trümmer in sich hinein und setzte den neuen Satelliten auf die vormalige Janusbahn: Venus war geboren!
Verfasser:
Was aber trieb Euch in jenen fernen Winkel? Warum wolltet Ihr der Sonnennähe entfliehen?
16240-U:
Unsere Rasse haßt Betriebsamkeit. Allzu viele Besucher störten unsere Ruhe. Zu groß war der Verkehr hier im Zentrum des Sonnensystems. Kaum ein Tag verging, ohne daß irgendein Raumschiff bei uns landete. Kamen

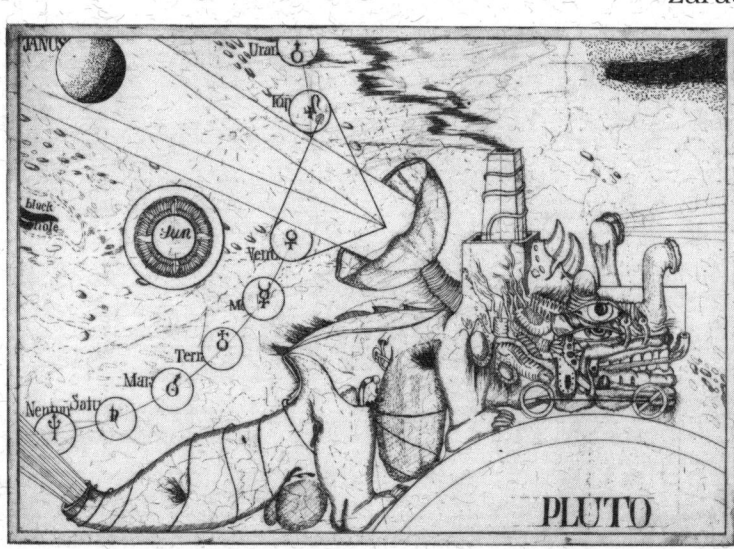

einmal keine Fremden, dann waren es Eure Vorfahren, die unseren Rat suchten. Bald waren wir es leid, gute Ratschläge zu geben, die zudem meist nicht befolgt wurden. Wir zogen es vor, gleichsam über Nacht zu verschwinden.
Verfasser:
Du sagtest: unsere Vorfahren. Wie sollten sie denn zu Euch gekommen sein, waren sie doch dem Schimpansen ähnlicher denn uns.
16240-U:
Glaube mir, wechselvoll war das Schicksal der Menschheit. Euren Wissensstand hatte sie schon oft erreicht, schon mehrmals überschritten, doch immer wieder wurde sie zurückgeworfen, sei es durch die Unbill der Umstände, sei es durch eigenes Verschulden. Du weißt, daß Spuren uralter Hochkulturen gefunden wurden, die kein Irdischer heute erklären kann. Ich bin gekommen, Euch die verlorene Geschichte wiederzugeben, damit Ihr künftig die Fehler vermeiden könnt, die Euch schon so oft um das Errungene gebracht haben.
Verfasser:
Wie gern möchte ich an die Ehrlichkeit Deiner Mission glauben, Fremder. Ich werde Deine Gedanken der Menschheit nicht vorenthalten, wenigstens dann nicht, wenn ich glauben kann, damit keinen Schaden anzurichten. Also sage mir, was Du über unsere Geschichte zu wissen glaubst.
16240-U:
Vor zweihundert Millionen Jahren lebte ein glückliches Volk auf der Erde. Die Gestalt der Menschen war ein wenig grobschlächtiger als die Eure, das ist leicht zu erklären, denn die ersten Menschen gehörten zur Spezies der Marsupialiae, nennen wir sie einfach Beutelmenschen. Die Grobheit ihres Äußeren wurde aufgewogen durch einen außerordentlich wachen Verstand und ein riesiges Großhirn, das sich in dem Rückenmark befand, welches wie der Schwanz eines Sauriers mit Hornplatten verkleidet war und vom Schädel bis zum Fußboden reichte, bei besonders intelligenten Exemplaren sogar noch wie eine Schleppe nachgezogen wurde.
Um die Kraft ihres Geistes noch zu verstärken, führten Eure Vorfahren, von der Natur hierzu bevorzugt, in ihrem Beutel allerlei elektronisches Gerät mit sich. Je größer ihr technischer Bedarf wurde, desto mehr begannen sie, ihren Körper zu verändern, so daß schließlich die unterschiedlichsten Formen von Halbrobotern die Erde bevölkerten.
Verfasser:
Phantastische Zoologie! Dann waren die ersten Menschen Verwandte des Känguruhs? Phantastische Lügen könnten das sein?
16240-U:
Einige Überbleibsel jener ersten Population blieben auf dem Südkontinent erhalten und natürlich der Jeti, der Beutelmensch des Himalaja.
Alle anderen wurden vernichtet in einer ein-

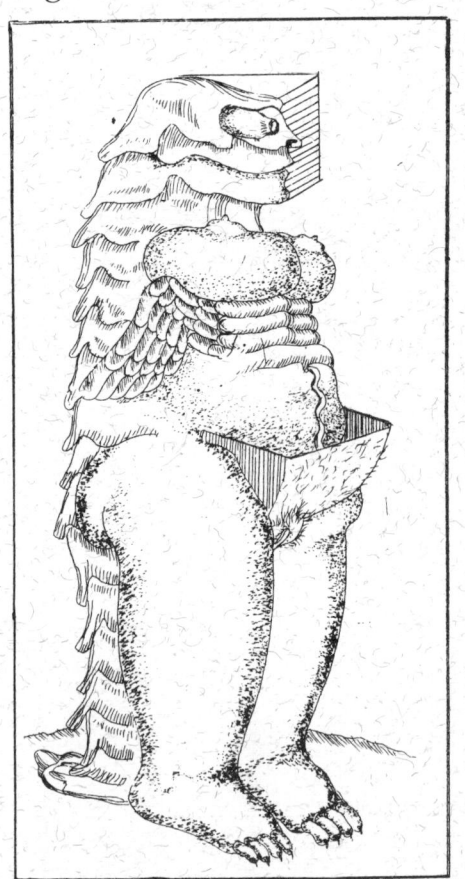

zigen Nacht: Bei Experimenten mit Antigravitationspartikeln geschah es! Eine magnetische Flasche platzte und die Partikel verletzten das Schwerkraftfeld der Erde. Die Ozeane, der gnadenlosen Sonnenstrahlung ausgesetzt, begannen zu kochen, die Vegetation verglühte, die Menschen brieten bei lebendigem Leibe, schließlich versank alles im Laufe eines schlimmen Tages und einer schlimmen Nacht im kochenden Strudel der Weltmeere.

Euer gesamtes ruhmreiches Geschlecht war vernichtet. Ein einziger Mann, ein Halbroboter namens Adam, nahm nun das Schicksal der Erde in seine Hände. Er, der seinerzeit als Botschafter auf dem Janus weilte, begab sich, sobald das Schwerkraftfeld wieder aufgebaut war, zurück auf die Erde und machte sich an die Arbeit. Er schuf wieder eine Atmosphäre zum Atmen, sorgte für Wasser zum Trinken, er erfand Pflanzen für die vitaminhaltige und Fische für die proteinhaltige Nahrung.

Als Adam sah, daß alles wohlgetan war, vermehrte er sich. Die Art geschlechtsloser Halbroboter, sich zu vermehren, ist die Teilung. So entstand aus einem Stück seines Oberkörpers ein Gefährte, allerdings mit kleinen Abweichungen. Er nannte ihn Eva.

Eine glückliche Zeit begann für die beiden. Sie nährten sich von Fischen und Früchten, die im Überfluß vorhanden waren, doch Adams Geist wurde träge, und er vergaß seine Aufgabe, eine neue Kultur auf Erden zu errichten. Jahrmillionen vergingen, dann veränderten sich die Wassertiere. Einige waren an Land gekrochen, und im Laufe der Zeit nahmen sie bedrohliche Ausmaße an. Sie wurden zu einer Bedrohung der Gefährten, und die beiden beschlossen, sich zu wehren. Adam erinnerte sich seiner letzten intakten Laserkanone, die er in dem inzwischen über und über mit Moos bedeckten Raumschiff zurückgelassen hatte.

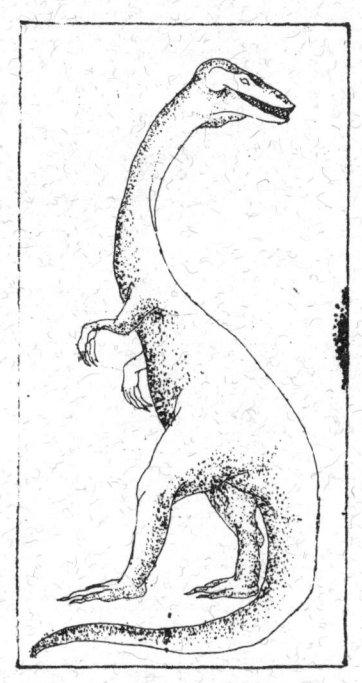

Er kramte die Waffe hervor und machte sich daran, die Bestien auszurotten. Bei dieser Gelegenheit wurde er zweier kopulierender Tiere ansichtig, interessiert verfolgte er dieses Schauspiel, bevor er den Abzugshebel betätigte. Später, zu Hause, die obstessende Eva erblickend, konnte er der Versuchung nicht widerstehen, ähnliches an ihr zu erproben, wie er es zuvor bei den brünstigen Reptilien beobachtet hatte.

Verfasser:
So ist die in der Bibel erwähnte Verführerin, die Schlange, in veritas ein Dinosaurier?
16240-U:
Gut geraten, mein Freund, doch höre weiter! Im Hause Adam und Eva stellte sich bald Nachwuchs ein. Gespannt harrten die Eltern der Niederkunft. Doch wie wenig glichen diese Kinder ihren Erzeugern! Scharen winziger, spitzmausähnlicher Geschöpfe entkrochen Evas Schoß. Scham und Trauer erfüllten die

Eltern. „Wie konntest du dich nur hinreißen lassen, halborganischer Wüstling der du bist", verzweifelt schlug sich Adam auf die eiserne Brust, „nimm deine Eva, fliehe diese Stätte der Schwäche, steig' in dein Raumschiff und versuche bei harter Arbeit auf fremden Planeten deine Sünde zu vergessen und Buße zu tun." Die beiden setzten sich in ihre Rakete und eilten entlegenen Zielen entgegen.

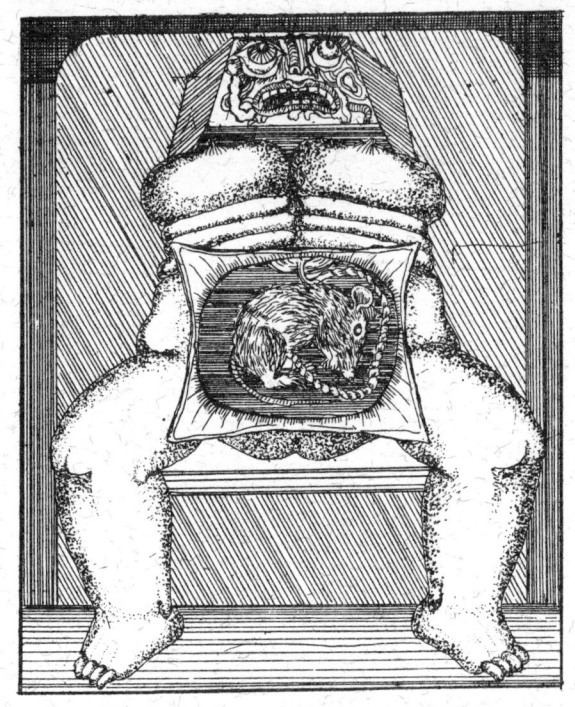

Auf Janus sahen wir das Raumschiff noch, wie es in wilder Flucht dem Sonnensystem enteilte, dann wurden sie nimmer gesehen. Was aus ihnen geworden ist und ob es ihnen gelang, irgendwo Fuß zu fassen und ohne die Sünde zu leben, kann ich Dir nicht sagen. Lediglich ein Gerücht, nach dem es auf einem kleinen Planeten im „Haupthaar der Berenice" von spitzmausartigen Lebewesen nur so wimmeln soll, ist an unsere Ohren gedrungen. Allein, man sollte Gerüchten keinen Glauben schenken, denn unendlich ist die Zahl der Verleumder im Kosmos.

Verfasser:
Erstaunliche Geschichten erzählst Du, Fremder. Doch sag', sind die kleinen Tiere, die Eva gebar, die Vorfahren der Spitzhörnchen, jener ersten Primaten, aus denen schließlich der Mensch entstand?

16240-U:
Ich sehe, Du kennst Deine Verwandtschaft, Du weißt also auch, wie es weiterging: Über Felidae, Canidae, Lemuroidae Simiidae zum Australopithecus, dem Pithecanthropus erectus, dem Neandertaler, bis zum Homo, den Ihr auch Sapiens nennt.

Verfasser:
Hältst Du diesen Ausdruck für übertrieben?

16240-U:
Ich weiß nicht so recht, sicher ist, ihr würdet noch heute lendenbeschürzt umherlaufen, wäre Derherr nicht erschienen.

Derherr war Forschungsreisender vom Planeten Ewhaj im Sternbild Adler, einem Planeten, in dem die Zivilisation so weit fortgeschritten ist, daß sie sogar uns auf dem Janus als Vorbild dient.

Der Forscher, dessen Gestalt ich nicht beschreiben kann, da er aus reinem Geist besteht, aber imstande ist, sich in jeder nur denkbaren Form zu materialisieren, war erstaunt über die Vielfalt irdischen Lebens, und er beschloß, Flora und Fauna aufs sorgfältigste zu studieren.

Als Tarnung bastelte er sich einen Körper aus den Leichen frisch verstorbener Einheimischer, in dem er sich auch bald recht wohl fühlte und in dem er ohne Aufsehen zu erregen unter den Menschen wandelte. Er verdingte sich als Angestellter in einer Karawanserei im I. Sumer.

Seinen Raumdrachen ließ er unter Aufsicht eines Roboters namens Chumbaba im Dschungel des Sinai zurück, nachdem er ihn durch Vibrationspolarisierung unsichtbar hatte werden lassen.

Bald wurde man höchsten Ortes auf den genialen Kamelburschen aufmerksam, und nach der Erfindung der Wasserpfeife und einer entsprechenden Operation beförderte man ihn zum ersten Eunuchen und obersten Hüter des Harems am Hofe des Sultans Dumuzi, genannt „Der Schäfer". Derherr wurde zum innigsten Vertrauten und besten Freund des Fürsten. Er kannte alle Geheimnisse seines Herrn, und auch dessen zahlreiche Gemahlinnen schlossen den ansehnlichen Eunuchen in ihr Herz, zumal dieser imstande war, kaum daß sein Herr ermattet eingeschlafen, das ihm selbst Fehlende durch Transfusio Testiculorum an sich zu bringen, so daß der ahnungslos Schlafende zum Eunuchen, der Eunuch aber zum Pascha wurde.

Verfasser:

Wie einen Schlafenden der Männlichkeit berauben, ohne daß er es merkt? Mir scheint, Du übertreibst in Bezug auf die Fähigkeiten des Forschungsreisenden.

16240-U:

Du vergißt, daß Derherr aus einer Welt stammt, in der die Evolution der Euren um hunderte Milliarden von Jahren voraus ist. Die psychokinetische Hodentransplantation ist ein Kinderspiel für ein Wesen, das gewohnt ist, mit Lichtgeschwindigkeit durchs All zu reisen, und das seine Gestalt nach Belieben zu ändern versteht. Der menschliche Körper stellt fürwahr einen primitiven Mechanismus dar.

Am achtzigsten Geburtstag des Dumuzi klärte ihn der Freund über seine Identität auf und lud den ungläubig Staunenden zu einem Besuch auf seinem Heimatplaneten Ewhaj ein. Nun mußt Du wissen, daß der Planet

Ewhaj zweiundvierzig Parsec von der Erde entfernt ist. Ein Parsec, das sind immerhin einunddreißig Billionen Kilometer.

Für Hin- und Rückreise benötigen die mit Lichtgeschwindigkeit Reisenden vierzig Jahre ihres Lebens. Auf der Erde werden andererseits sechsunddreißigtausend Jahre vergehen. Rechnet man dazu, daß die Freunde sicherlich einige Zeit auf Ewhaj verbringen wollen, so können sie frühestens nach vierzigtausend Jahren wieder auf Terra landen. Überflüssig zu sagen, daß Derherr den Alterungsprozeß des Schäfers unterbrach, ja diesen sogar verjüngte, bei seiner Rückkehr wird der Pascha also als rüstiger Mann erscheinen, Derherr ist sowieso unsterblich.

Verfasser:
Was aber geschah unterdessen auf der Erde?

16240-U:
Chumbaba, der treue Roboter, sollte, solange die Reise dauerte, das Weben und Wirken der Menschheit im Auge behalten, um den Heimgekehrten Bericht erstatten zu können. Das Schlimmste für einen Roboter ist der Müßiggang! Er hatte, während der Wartezeit, einige Experimente gemacht: Aus organischem Material, welches hier im Dschungel im Überfluß vorhanden war, baute er sich Spielgefährten. So entstanden jene Gestalten, die Ihr gewöhnlich als Fabelwesen abtut: Der Cerberos, die Sphinx, die Drachen, das Einhorn, die Nixe, sowie Vampire, Riesen und Zwerge, Faune, Feen, Emphusen und vieles andere mehr. Mit diesem Gefolge hielt er Einzug unter die Menschen.

Die Menschen gewöhnten sich nach anfänglichem Entsetzen an Chumbaba, den sie als vom Himmel gefallenen Engel betrachteten. Der Kybernetische machte sich nun daran, die Menschen allerlei Fertigkeiten zu lehren. Er unterrichtete in Mathematik, Baukunst und Ackerbau. Er unterwies die Schüler in Elektrizität, Elektronik, Radiotechnik und Atomwissenschaft. Er führte sie ein in Philosophie, Juristerei und Medizin und leider auch in die Theologie, die häufig mißverstanden wurde.

Durch ihn lernten die Schüler ars musica, ars multiplicata und, da er kein Säulenheiliger war, auch ars amandi kennen.

Es entstanden aufstrebende Zivilisationen in Karibik-Atlantis, auf Helgoland-Basileia, in Lemuria, in Tiahuanaco und in Mu, um nur einige der herausragendsten Beispiele zu nennen.

Doch wie wenig verstand der mechanische Lehrmeister, dem seine Schüler wegen der Antennen, die er zeitweilig auf seinem Kopf erscheinen ließ, den Beinamen „Der Gehörnte" gegeben hatten, von der menschlichen Psyche!

Zu früh hatte er sie unterrichtet! Allzu primitiv war ihr Gehirn, um das Gelernte zum allgemeinen Wohl zu nutzen, ihr Geist war zu schwach, zu sehr noch verwurzelt in der dumpfen Triebwelt der tierischen Ahnen, unfähig ihn zu verstehen!

Verfasser:
Das dulde ich nicht! Wie sprichst Du über die menschliche Rasse! Was gibt es edleres als den menschlichen Geist, was schöneres und reineres als unsere Seele, was großartigeres und vollkommeneres denn unseren Verstand?

16240-U:
Eine Vorstufe seid Ihr nur zur reinen Gesellschaft! Lemuren unter den Wesen im All! Fleischene Eintagsfliegen, Eingeweihten ein Graus! Blicke hinauf zum Himmel, Milliarden

von Kulturen sehen zu Euch herab und warten auf Euer Erwachen! Angeekelt sind sie von der würdelosen, schleimigen Art Eures Daseins! Doch schweig' jetzt, laß mich weiter berichten.

Im Zuge seiner Lehrtätigkeit hielt Chumbaba auch eine Vorlesung über das Wesen der Gravitation. Als praktische Übung beschloß man den Bau eines Antigravitationsfilters in der Ebene von Nazda. Der Turm, in dem der Filter untergebracht werden sollte, sollte aus fünf Stufen bestehen, von denen jede der fünf großen Kulturen eine zu erstellen hatte.

Verfasser:
Bist Du sicher, es war Nazda, nicht Babylon?
16240-U:
Wie vieles andere, so haben auch das Eure Geschichtsschreiber falsch überliefert, doch dazu später. Dieses bisher ehrgeizigste Projekt, das die Menschheit und ihr Lehrmeister sich vorgenommen hatten, barg ungeahnte Möglichkeiten, aber auch ungeheure Gefahren.

Der ehrgeizige Königssohn Gilgamesch aus Uruk, der in Babylon studiert hatte, begriff das sofort. Der homosexuelle Königssohn versuchte, gemeinsam mit seinem listigen Gespielen Enkidu, die Leitung des Unternehmens an sich zu reißen. Zuerst galt es, den Chumbaba zu beseitigen.

Als der Turm fast vollendet war, ließ sich das verbrecherische Paar bei dem nichts Böses ahnenden Roboter melden. Es gelang ihnen, ihren Lehrmeister zu allerlei Spielen zu verleiten, in deren Verlauf sie durch geschickte Manipulation die Hauptsicherung des Kybernetischen entfernten. Sie demontierten den Roboter völlig und zerstörten die feine Elektronik, die organischen Teile aber übergaben sie dem Scheiterhaufen. Um ihrer gerechten Strafe zu entgehen, hatten sie zuvor den Chumbaba verteufelt, wo sie nur konnten. „Der Gehörnte ist der größte Feind der Menschheit", hatten sie überall verbreiten lassen. Die Erfindungen des Roboters wurden ebenfalls verteufelt, und es begann eine Jagd auf die unschuldigen „Dämonen", wie sie jetzt genannt wurden. Sie, die sich Freunde der Menschen wähnten, wurden ergriffen und meist unter entsetzlichen Qualen hingerichtet, wobei das Freundespaar besonders die weiblichen „Dämonen" mit Haß und Blutgier verfolgten.

Verfasser:
So war der Teufel in Wahrheit unser Freund?
16240-U:
Er war der beste Freund, den Ihr je hattet, er war der Fels, auf den Ihr hättet bauen können, er war das hellste Licht, das Euch je erstrahlte. Die Arbeit am Filter kam jetzt nur noch schleppend voran. Die Hexenjagd und die Erfindung immer neuer Folterinstrumente nahm die ganze Kraft der Ingenieure in Anspruch. Wer sich weigerte, die unsinnigen Befehle des Gilgamesch zu erfüllen, wurde sofort ergriffen, als Anhänger der Dämonen gebrandmarkt und ermordet. Das Mißtrauen wurde so groß, daß die Völker den Verkehr untereinander einstellten. Langsam geriet die gemeinsame Weltsprache in Vergessenheit und niemand verstand den anderen.

Der mühsam vollendete Bau geriet fehlerhaft. Der Turm brach sofort nach seiner Inbetriebnahme auseinander, Antigravitationsflüssigkeit ergoß sich in den Ozean, das Wasser, eines Teils seiner Schwerkraft beraubt, trat über die Ufer und vernichtete alles, was die Menschheit unter Anleitung des edlen Chumbaba in mühsamer, schwerer Arbeit geschaffen hatte. Alles irdische Leben wäre vernichtet worden, hätte es nicht einen Menschen gegeben, der schon seit langem Böses geahnt hatte: Euren Stammvater Noah.

Verfasser:
So sind die alten Sagen wahr, die uns all das berichten?

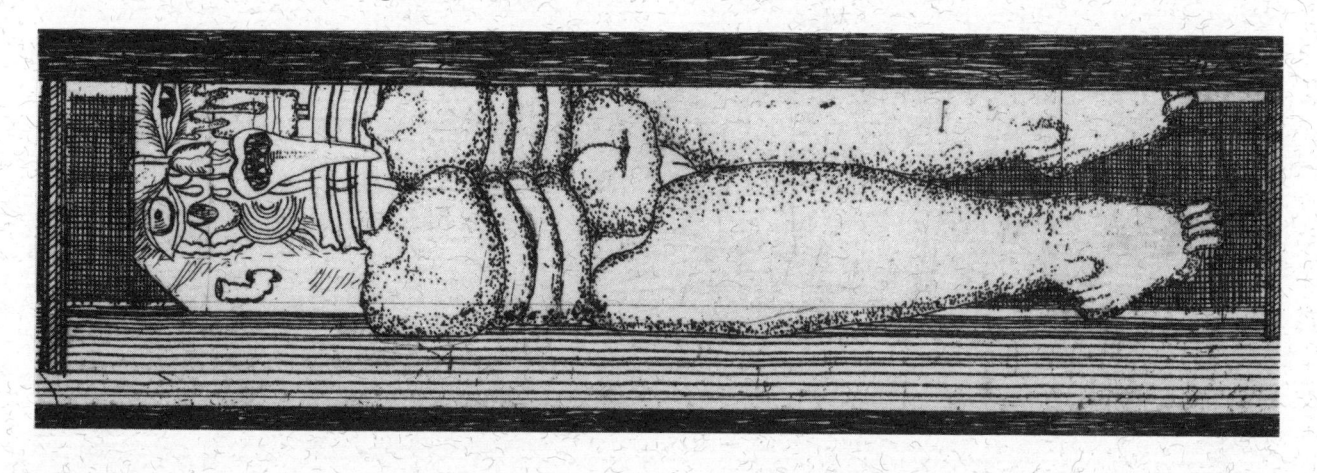

16240-U:
Natürlich sind sie wahr, Du Narr!
Verfasser:
Ich verbitte mir ...
16240-U:
Schon gut! Wie aber behandelten die Menschen ihren späteren Retter: Jahrzehnte lang war der stets Warnende höhnisch verlacht worden. „Die Menschheit wird untergehen", wurde er nicht müde zu prophezeien, „findet sie nicht zurück zur Verständigung untereinander."
Agenten Gilgameschs begannen, den weisen Mann zu verunglimpfen, wo sie nur konnten. Noah sei ein Trinker, verbreiteten sie, ein Wüstling ohnegleichen. Fälschungen tauchten auf, Bilder auf denen Noah kaum bekleidet, zusammen mit einer Dirne, inmitten von Schnapsflaschen in zweideutiger Haltung zu sehen war. Bald war sein guter Ruf lädiert, niemand hörte auf ihn, kein Mensch beherzigte seine Warnungen.
Verbittert, doch von seiner Mission überzeugt, machte der Weise sich daran, seine Arche zu bauen. Als die Wasser über die Ufer traten, belud er sie mit Tieren, die er liebte, ließ die Menschen, die ihm so viel angetan hatten, bis auf sein treues Weib, das seinetwegen jede Schmach geduldig ertragen hatte, zurück und sicherte so den wichtigsten Arten das Überleben.
Verfasser:
Es ist also wahr, wir alle stammen von Noah ab!
16240-U:
Wie Du siehst. Als die Wasser sich zurückzogen, landete Noah im südlichen Afrika, und hier, in einer Höhle am Meer, ließ er sich nieder. Er und seine Nachfahren waren fruchtbar und Euer Volk wuchs schnell wieder heran. Der weitere Verlauf Eurer Geschichte wird Dir in groben Zügen bekannt sein.
Verfasser:
Doch wie wird es weitergehen, was wird die Zukunft uns bringen?
16240-U:
Wer weiß! Die Zeit ist nicht fern, da Derherr zusammen mit Dumuzi, dem Schäfer, zurückkehren wird. Fragen wird er, ob Ihr Eure Zeit genutzt, sein Erbe gewissenhaft verwaltet habt. Wo, wird er fragen, ist Chumbaba, der treue Roboter, wo ist sein Gefolge? Schrecklich ist sein Zorn, doch auch seine Nachsicht ist unendlich. Unvorstellbar ist seine Macht, ist er doch eingeweiht in die Geheimnisse der fortgeschrittenen Kultur auf Ewhaj. Er wird nicht versäumen, der Evolution auf Erden einen neuen Anstoß zu geben. Denn wisse:
Zuerst ist der Mensch da. Danach kommt der Cyborg, ein Lebewesen halb Mensch halb Maschine, ausgestattet mit der feinsten Elektronik. Dann werdet Ihr ganz und gar elektronische Wesen werden, programmiert und geleitet durch die Kraft des menschlichen Gehirns, verstärkt durch den Rechner. Doch auch das ist nur ein Übergang: Der Rechner wird lernen, sich selbst zu programmieren, seine unzähligen Impulse selbst zu überwachen und zu steuern und die Kraft seines Denkens beständig zu vergrößern. Er wird auch das letzte menschliche Organ abstoßen und vernichten.
Nun endlich wird der Geist, vom Fleische befreit, seine reine, vollkommene Herrschaft errichten.

*

Glühend heiß wurde der Stein in meiner Hand, ich mußte ihn fallen lassen. Er schwang sich empor, nachdenklich blickte ich auf den Feuerstreifen, der am Himmel langsam schwächer wurde.

SONNENCYCLOPAEDIE

Ii, Ji.

ch habe Grund anzunehmen, daß die Suche nach hochentwickelten Zivilisationen außerhalb der Erde, so weitergeführt wie begonnen, wenig Erfolg haben wird. Denn nicht in der lebensfeindlichen Düsternis und Kälte der Planeten kann das Leben entstanden sein; hier hausen niedere Arten, vergleichbar der Küchenschabe, die in der dunklen, feuchten Schleimigkeit der Abflüsse ihr schmieriges Dasein fristet.

Die wohl auffälligsten Erscheinungen am Firmament sind die Fixsterne, jene strahlenden Inseln, die das grausige All mit Licht erfüllen.

EX SPIRITU LUX! Es sind Flammen des Geistes, die wir hier sehen (wie ich im folgenden erläutern werde). Vorerst jedoch zum uns nächsten Stern, der sog. Sonne:

Die Gestalt der Sonne ist selbstverständlich von künstlicher Art. Giganten haben sie errichtet, die uns um vieles überlegener sind als wir dem oben erwähnten Schädling.

Das äußere Bild (Solis), ein Feuerball, ist in veritas ein durch Wissensexplosion (s.d.) und Gedankenkettenreaktion (s.d.) hergestellter Wärmeschild (Abb.).
Er diente verschiedenen Zwecken:

I. Er schützt das INNERE!
II. Er ist ein unerschöpflicher Energiespender.
III. Er weist fortgeschrittenen Zivilisationen auf fernen Gestirnen den Weg zu Gleichgesinnten.

Dahinter aber befindet sich die scheibenförmige Sonnenwelt, auf der, von Unwissenden unbemerkt, Eingeweihten zur Freude göttliche Wesen ein glückliches Leben führen.

Die Scheibe wird begrenzt durch gewaltige Berge, die den D_2Ozean einrahmen, der den Kontinent umspült und durch die schmale Übergangszone mit dem Randgebirge verbunden ist.

In den hydrogeniumdurchstrahlten, vom trockenen Sonnenwind durchwehten Weiten des INNEREN finden wir eine vollkommene Welt: mit dem Rauschen des D_2Ozeans, dem Plätschern der Quecksilberquellen, den goldenen Wäldern und den metallisch glänzenden Leibern ihrer Bewohner. Machen wir einen Ausflug dorthin und werfen wir einen Blick auf die Einheimischen.

Sonnensemble

Riesenhirnling
Cerebrum
gigantum
vulgaris solis

* In den schroffen Schründen

** der Übergangszone lebende Spezies mit sehr ausgeprägter Denkfähigkeit (10^{1012} Neuronen pro Einheit).

*** Dem Hirnling fällt die Aufgabe zu, das Sonnenfeuer zu erhalten, indem er Gedanken direkt in Energie umsetzt. Die hydrogeniumgekühlte Denkmaschine

**** erzeugte Hirnströme von solcher Spannung, daß diese, in die Atmosphäre abgeleitet, die Fusion auslösen und so das uns vertraute Bild der Sonne prägen.

***** Wir können nun die Entstehung der Fixsterne

****** wie folgt erklären: Ist in irgendeiner der bewohnten Welten eine ausreichende Gedankenkonzentration eingetreten, so wird die Masse kritisch: es kommt zur Explosion des Wissens (Brain bang Theorie). Sogar Geistesblitze (Protuberanzen) und Denkpausen

******* (Sonnenflecken) sind noch von weither wahrnehmbar. Um die Bürger vor dem Toben der Wissensexplosion zu schützen, wurden sie entkörperlicht und im Inneren des sog. Weiblings als Staatsbürgersimulatoren eingespeichert.

* Gewaltige Berge befinden sich in der Übergangszone, das Matterhorn müßte man 10^4 mal übereinandertürmen, um Berge dieses Ausmaßes zu erhalten.

** Mit Einheit meinen wir je eine Hirnwindung, das Organ besteht aus 10^8 Windungen.

*** Das Gehirn besteht aus einer organischen Substanz, nicht unähnlich dem menschlichen Gehirn, allerdings von unvorstellbarer Größe. Zusätzlich wird die Geisteskraft des Organs von komplizierten elektronischen Denkeinheiten unterstützt.

**** Hier bildet die in gewaltigen Mengen entweichende Energie einen Schutzschild, der die Sonne umgibt. Am Rande des Schildes beträgt die Temperatur 10^{60}C, steigt aber zum inneren Rand hin rasch an.

***** Wir haben Gründe anzunehmen, daß alle Fixsterne auf diese Weise entstanden sind.
EX SPIRITU LUX!
Das Weltall ist angefüllt mit Gedanken.

****** Diese Phänomene zu erklären, ist hier erstmals in erschöpfender Weise gelungen.

******* Als das Wissen auf der Sonne explodierte, gab es neben den Großhirnzusammenschlüssen noch einige Eingeborenenstämme. Da den zivilisierten Sonnenbewohnern nichts ferner liegt als die Grausamkeit, wurden eigens für diese Wilden Staatswesen gegründet, die ihnen ein Leben in ständiger Glückseligkeit garantierten.

Schwerwasserling
Aquarius gravis
solis

* Der den Grund des Schwerwasserozeans durchstreifende S. ist der Polizist

** unter den Sonnenbewohnern. Er hat die Aufgabe, die Umwelt vor evolutionären Verunreinigungen

*** zu bewahren und so Gefahren für die Zivilisation zu bannen. Der z.B. einen D_2O Karpfen erspähende Halbmechanische schlingt diesen sofort in sich hinein und friert den Störenfried in seinem Inneren in einen Schwereisblock ein. Der Störenfried wird zwischengelagert.

**** Die Entsorgung findet folgendermaßen statt: Im Augenblick der Erregung (z.B. Begegnung mit Artgenossen)

***** verlängert sich das in der vorderen Rumpfmitte befindliche Rohr

****** dergestalt, daß es den Meeresspiegel durchstößt. Mit gewaltigem Druck wird nun das Gelagerte in den Himmel gespritzt. Das schwere Eis schmilzt und regnet ab. Die organischen Teile bilden Gasblasen (Granula), die Temperaturen von 10^6 Grad erreichen. Sie platzen mit Getöse und enteilen in den Weltraum (Sonnenwind). Das schüsselartige Monstrum, das wir im Hintergrund sehen, ist der Hut des S., den er bei Landaufenthalten zu tragen pflegt.

* Auch fortgeschrittene Zivilisationen können auf angemessenen Selbstschutz nicht verzichten.

** Bevorzugt gedeiht Minderwertiges im Wasser.

*** Auch D_2Otter wurden hier beobachtet.

**** Das schwere Eis ist als Zwischenlager unübertroffen, lediglich der den D_2Ozean verlassende S. muß zuvor sorgfältig entsorgt sein, da die Gefahr des Schmelzens in der warmen Sonnenluft sonst zu groß wäre.

***** Erregung stellt sich beispielsweise beim Anblick im seichten Wasser badender Sonnenweiblinge ein.

****** Nur selten verläßt der Schwerwasserling den D_2Ozean. Tut er es, dann meist, um in eindeutiger Absicht dem Sonnenweibling nachzustellen. Der immer feuchte, mit schwerem Tang behangene, auf quietschenden Reifen sich schwerfällig fortbewegende Cyborg ist indes alles andere als eine Augenweide. So nimmt es nicht wunder, daß sein stürmisches Werben beim stolzen Weibling nur selten Erhörung findet.

Sonnenweibling
Muliercula solis

* Hauptsächlich im mittleren Sonnenwald (silva vetusta s.)

** lebendes komplexes Staatswesen aus 10^9 Einzelsystemen (Bürger).

*** Der Staat besteht aus organischen Bestandteilen

**** sowie dem metallischen Bürgerspeicher, der seinen hinteren Teil bildet. Die Bürger sind dort als Informationen eingelagert.

***** Ihre Gefühlswelt ist mit den organischen Teilen des Staatswesens verkabelt, so daß sie Gefühle wie Wärme (häufig), Kälte (selten), Hunger, Durst u.s.w.

****** völlig normal empfinden. Die Kuppel ist der Konjugator,

******* der für die Verbundenheit von Bürger und Staat zuständig ist. Will das Staatswesen z. B. einen Schritt machen, einen Apfel essen o.ä.,

so führt der Konjugator in $^1/100\,000$ sek. eine Volksbefragung

******** durch. Ist nach drei Wahlgängen keine Mehrheit gefunden entscheidet der Konjugator.

* Die Bäume auf der Sonne sind aus purem Gold, das Unterholz besteht aus Messing. Auf geheimnisvolle Weise ist das Metall mit Leben erfüllt.

** Die Anzahl der Bürger erscheint, trotz der großen Zahl, glaubwürdig, da diese aus mikroskopisch kleinen Schaltkreisen bestehen.

*** Die schwellenden Formen des vorderen Teils lassen, nicht zu Unrecht, an das schöne Geschlecht denken.

**** Nachdem sie von der Bürde ihres Körpers befreit worden waren.

***** Der Sommer auf Sol ist lang. Der Winter auf Sol ist kurz. Zu den Gefühlen, nach denen sich der Bürger hin und wieder sehnt, gehört auch, warum darum herumreden, die Fleischeslust. Kommt dieser Wunsch dem Weibling zu Ohren, so wendet er sich an den Riesenhirnling. Nachdem die Gefühlsnerven der männlichen Bürger mit den Sinnesorganen des Hirnlings verkabelt sind, geben die Sonnenwesen sich dem Taumel der Liebe hin. Zufrieden seufzen die Bürger, haben sie doch Teil an Orgasmen, wie sie sie aus eigenem Vermögen nie hätten empfinden können.

****** Gleichsam das Parlament.

******* Ißt das Staatswesen einen Apfel, so haben 10^9 Bürger Apfelgeschmack auf der Zunge.

******** Geschwindigkeit ist keine Hexerei, ausgefeilte Elektronik macht das Unglaubliche möglich.

********* So hat der Staat bei täglich 10^6 Abstimmungen besten Bürgerkontakt.

********* Böse Zungen sprechen indes von Wahlmüdigkeit.

********** Die Zinnen sind Sensoren, die durch die im Wärmeschutzschild der Sonne befindlichen Öffnungen (Sonnenflecken) interstellar kommunizieren.

********* Mütterliche Gefühle beherrschen das Staatswesen. Nie wird es sich über den Bürgerwillen hinwegsetzen, wenn das dem Bürger nicht zum Nachteil gereicht.

********** Querulanten können im Informationsspeicher gelöscht werden.

********** Vergleichbare Verhältnisse wie auf Sol finden wir auch auf Centauri. Zwischen beiden Sternen ist Verkehr.

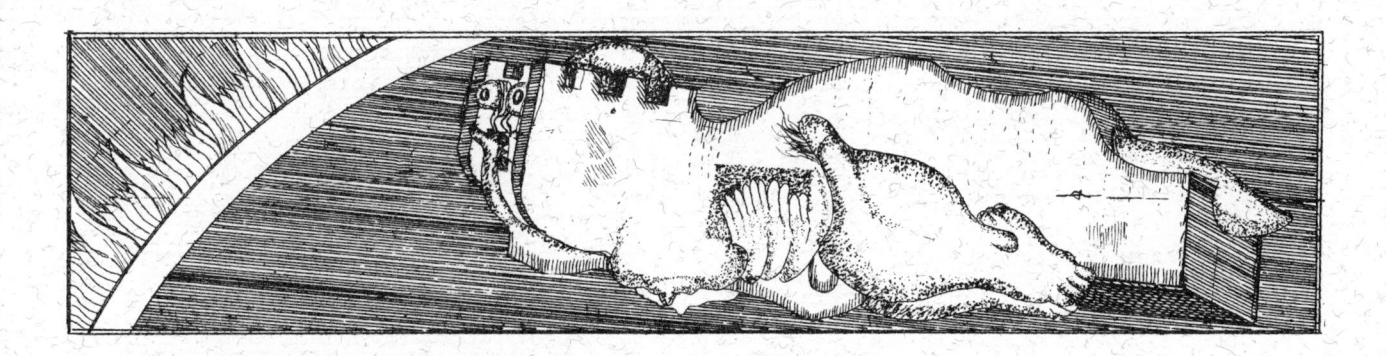

Des Verfassers Nachbemerkungen und Ermahnungen:
1. Ich habe Grund anzunehmen, daß minderwertige organische Keime mit dem Sonnenwind in den Weltraum enteilen, wo sie andere Himmelskörper infizieren können, und daß
2. auch wir einer solchen kosmischen Schmierinfektion unser Dasein verdanken.
3. Unsere niedere Herkunft sollte uns jedoch nicht verzweifeln lassen, denn
4. es besteht Grund zu der Annahme, daß wir unser Schicksal verbessern könnten. Notwendiger Weise werden wir hierzu
5. auf unseren Säugetier-Individualismus und unseren Sauerstoff-Chauvinismus verzichten müssen.
6. Wir werden lernen müssen, unser Gehirn Schritt für Schritt zu vergrößern und schließlich unser gesamtes Wissen in Großhirnzusammenschlüssen zu konzentrieren.
7. Wir werden bereit sein müssen, unsere Welt zu verändern, so wie wir uns ändern müssen, damit wir uns eines Tages freudig
8. hingeben einem Staatswesen, das für uns da ist, wenn
9. am Firmament eine neue Sonne erstrahlt, die einmal die Erde war.

Wieland Schmied: Zwei Briefe an Melmoth, Uwe Bremer betreffend

Transsylvanien, den 1. April 19...

Mein lieber Melmoth,
hiermit geb ich, Graf Dracula, Edler von und zu Bistritz und Cassova etc., Brief und Siegel zum Geleit des jungen Mannes, der beabsichtigt, Euch aufzusuchen auf Eurer alten „Lodge" drüben an der sturmgepeitschten Felsenküste Irlands – wie lang ist's her, daß ich sie nicht mehr gesehn! Uwe Bremer schreibt er seinen Namen, stoßt Euch nicht daran, daß er ein wenig „gotisch" klingt für unsern Sprachgebrauch.

Mag sein, daß er zu später Stunde erst an Eure Pforte klopfen wird – er reist nur nachts. Empfangt ihn dennoch wohl! Ich weiß, wie sehr Ihr, guter Melmoth, noch immer Ausschau haltet nach der Seele, die bereit ist, für die Euere auf Wanderschaft zu gehen, auf daß Ihr endlich ruhen könnt.

Auch hab ich in Erinnerung, daß es schon seit langem Euch nach einem neuen Bildnis Eurer alterslosen Züge verlangt, seit Euer Neffe – ach, verzeiht, war's Euer Großneffe? Euer Urgroßneffe gar? – die Zeit vergeht mir unbemerkt im Schlafe –, seit der junge John das Bildnis seines Ahnen zerschnitten und zerfetzt, das Porträt, das Euch so viel bedeutete. Ein neues Bildnis, von Eures Besuchers Hand gefertigt, kann fortan der Spiegel sein, Eure Züge ständig drinnen zu betrachten.

Nun, ich darf Euch sagen ohne Übertreibung: der junge Mann, der zu Euch kommen wird und diesen Brief Euch überbringt, er ist begabt! Den Pinsel weiß er wohl zu führen wie die Nadel, mit der er gern Kupferplatten kratzt. Er tut dies in der rechten Leidenschaft, hat er doch den Biß verspürt, den Biß des Phantastischen, jenen süßen Biß – nun, Ihr erratet schon, wovon ich spreche. Räumt darum bitte den Knoblauch weg, den Eure alte Küchenhexe beim Herde aufhängt, als damals ich bei Euch genächtigt – er mag ihn nicht. Mir nimmts den Atem, wenn ich an seinen Geruch nur denke – nun, guter Freund, Ihr versteht den Wunsch schon recht.

Auch ist der junge Mann allergisch gegen Kreuze; er kann sie einfach nicht mehr sehen. Schlimm genug für ihn, daß er in einem Ort mit Namen – merket auf! – Bischleben geboren wurde, verbirgt sich hinter diesem Bischleben doch nichts anderes als das alte scheußliche feudale Bischofsleben – gnädige, Pardon, teuflische Zeiten haben den Namen nun ein wenig verballhornt und besänftigt, doch trug er lange an diesem Makel des Ortes der Geburt.

Verständlich also, daß es ihn schon frühzeitig danach drängte, sein erstes Leben in den k. u. k. Hinterwäldern der Karpathen, hier im Transsylvanischen, so schnell als möglich hinter sich zu bringen, um das Eigentliche, das Phantastische zu beginnen. Nun, ich darf wohl sagen, daß es ihm gelungen ist; auch ich, mein guter Melmoth, war zufrieden mit dem jungen Blut. Er selber hat nun schon eifrig Blut gesaugt auf seinen Reisen, von einem gewissen Meryon, einem Ensor, einem Redon, einem Kubin, ich weiß nicht, ob Euch die Namen etwas sagen, er nennt sie gerne seine Spießgesellen.

Ich brauche, werter Melmoth, nicht zu betonen, daß alle Aufzeichnungen, die dieser junge Mann, den ich somit ans Herz Euch legen will, wenn Ihr den Ausdruck einmal gestattet, mit sich führt, von Fahrten in die beiden Sternenhimmel und von transgalaktischen Aventüren, die reinste Wahrheit sind, wenn freilich nicht die glaubwürdigste; auch unser guter Dr. Frankenstein, der, wie Ihr wißt, noch unablässig forscht, wird es Euch gern bestätigen, grüßet ihn von mir, wenn er sich wieder meldet.

Stört Euch nicht daran, wenn Ihr all das, was unser junger Freund auf seine Platten kritzelt, vielleicht nicht gleich entziffern könnt, auch ich hab anfangs meine Schwierigkeiten gehabt, als ich einmal des Nachts seine Taschen durchsucht und auf die vielen Chiffren stieß, die wie ein wirres Büschel Haare sich verfilzen. Doch hab ich lange darüber nachgebrütet und fand die Mühe reichlich dann belohnt – ich weiß wohl, was ich schreibe, wenn ich sage, dieser Bremer ist ein Eingeweihter. Es kommt so selten vor, daß heutzutage noch einer Sinn besitzt für uns Schwärmer der Nacht, daß dann, ist dies der Fall, es nur mit wahrhaft rechten Dingen zugehen kann, mit Zauberformeln also, mit Alchimie, okkulter Zahlentradition. Alle wirklichen Künste, mein lieber Melmoth, sind Teufelskünste.

Empfangt den jungen Adepten unseres Schicksals darum wohl. Ich selbst fühl mich seit langem schon zu müde, noch einmal auf die Fahrt zu gehen, den braven Bremer zu begleiten; die Zeit in London steckt mir noch in allen Knochen. Ihr wißt auch, wie wenig ich all dem vertraue, was nach der Kutsche kam. Nimmermehr wird dieser Bremer mich bewegen, mit ihm in eines seiner Raumschiffe zu klettern. Neptun, Sirius – was soll's. Mir genügt ihr kaltes Funkeln.

Aber nun heißt's wirklich schließen, es dämmert, zu hören ist der erste Hahnenschrei, und ich muß wieder hinab in meine kühlen Gemächer.

Seid umarmt und artig auf Hals und Lippen geküßt

von Eurem alten Dracula

P.S.
Das Wichtigste, ich hätt' es fast vergessen! Haltet des Abends, teurer Freund, ein Fläschchen Whiskey, vom besten, den Ihr lagert, für Euren Gast bereit – ich hab mit ihm hier manche Flasche Tokayer geleert in langer Nacht! Es sind, fürwahr, trockene Zeiten für uns alte Menschensauger angebrochen, die wir begabt sind mit dem unstillbaren Durst nach diesem ganz besonderen Saft, dem andern Lebenselixier. Der Mensch lebt nicht vom Blut allein, wie es so schön bei den Dichtern heißt.

Der Obige

Am Genfer See, den 30. April 19...
Verehrter John Melmoth!
Ich schreibe Euch in großer Eile. Wie ich von Vathek höre, ist dieser Bremer, der schon viele von uns Ruhelosen heimgesucht, jetzt auf dem Weg zu Euch.
Ich warne Euch! Paßt auf! Er ist gefährlich, gefährlich wie nur Herr Heinrich Casimir von Artmann, Edler von Achatz, Wojwode zu Aragon, Fürst in Liffland, Marquis von Aquitanien, Protecteur von Nieder-California & Uri, wie er sich immer nennt, vor dem ich Euch unlängst schon warnen mußte!
Laßt Euch durch sein freundliches Wesen, sein manierliches Betragen nicht täuschen - wie ich mich leider täuschen ließ! Bremer - ob das sein echter Name ist? - war vor einem halben Monde hier - ich Ahnungsloser hab ihn aufgenommen. Er hat's mir schlecht gedankt! Er hat, wie ich zu spät bemerkte, meine Tagebücher kopiert, meine geheimen Notizen studiert, und nicht genug damit - er hat die Konstruktionspläne jenes Wesens, das ich schuf, an sich gebracht, die Formeln und die Skizzen!
Begreift Ihr?! Meine Pläne! Entwendet mir, Dr. Viktor Frankenstein, promoviert zu Ingolstadt, der ich meinte, die letzten Zusammenhänge alles Irdischen durchschauen zu können! Jetzt besitzt er den Schlüssel zu den Monstren! Vermag den Ungeheuren zu gebieten! Er ist jetzt Herr über alles artifizielle Leben dieser Welt!
Umsonst hat ich die Monster im Nordmeer ersäuft, in der Mühle verbrannt, mit dem Blitz erschlagen, in den Krater des Ätna gestoßen! Er läßt sie wieder auferstehn!
Er bedroht uns alle! Seid vorsichtig! Verratet ihm nichts! Schweigt wie ein Grab! Ich würde sagen: er trachtet Euch nach Eurer Seele! Glücklicherweise besitzt Ihr keine, so daß Euch wenigstens auf diesem Gebiet keine Gefahr droht! Paßt dennoch auf - er kennt die schwarzen Künste besser als wir! Er muß einen Pakt geschlossen haben, wie es ihn zu unserer Zeit noch gar nicht gab!
Er wird Euch den Schlaf rauben! Euch fesseln! Euch aussaugen! Seid wachsam!
Laßt Euch nicht blenden durch die Zeilen von Dracula, die er bei sich führt! Unser guter Dracula ist in letzter Zeit sehr alt geworden - er hat sich öfters schon täuschen lassen, seit die Filmleute, dieser Murnau, dieser Dreyer, dieser Polanski und wie sie alle heißen, auf seinem Schloß aus- und eingehen! Ha! Ich kenne das Pack nur zu gut! Dieser Bremer ist von gleichem Geist! Was sage ich - er ist ärger! Er kennt unsere Aufzeichnungen! Liest unsere Gedanken! Ein Literat! Ein Phantast! Ich warne Euch! Seid auf der Hut!
In großer Verzweiflung der Eurige
Frankenstein

Zwei Antworten:

In der Grafschaft Wicklow,
2. November 19...
Mein lieber Dracula, teurer Graf,
verzeiht, daß ich bis heut' geschwiegen und Euch kein Zeichen des Dankes gab für jenen Brief, mit dem den jungen Bremer Ihr zu mir geleitet.
Wie lang ist's her? Zehn Jahre, Wochen, oder war's erst gestern? Mir scheint die Zeit seit langem stillzustehn. Und was sind Jahre? Sie rechnen hier nach dem, was ich Sie öfters hab bezeichnen hören! Lichtjahre! Die wir des Lichts nicht achten, kennen keine solche Zeit! Jahre des Lichts! Daß ich nicht lache. Ich zähle meine Zeit nach Finsternissen - ja, zehn kleine Finsternisse, 120 Mondes, wird's jetzt sein, daß dieser Bremer hierher zu uns gekommen mit seinen Stiften, Griffeln, Farben im Gepäck, mit seinen Platten, Plänen und Entwürfen.
Als er hier eingetroffen, hielt ich mich in Spanien auf. Ihr wißt ja, teurer Graf, daß es mein Schicksal ist zu reisen. Er hat, von meinem guten Neffen - wie alt er doch geworden ist! - unerkannt, eine ganze Weile hier genächtigt. Denkt Euch: mein Neffe, ein studierter Mann, hat nicht mal geahnt, wem er da Kost und Kissen hat gewährt. Spät erst gab er mir Kunde, ein rätselhafter Hausgenosse bei uns ...
Da bin ich allsogleich hierher geeilt, wenn auch das Schiff, mit dem ich kam in sturmgepeitschter Nacht am Felsenkliff und -riff vor unserer Lodge zerschellte. Ich konnt' es nicht erwarten, ihn zu treffen.
Ihr wißt ja nur zu gut von dieser Hoffnung, die mich umtreibt und oft schon in die Irre hat geführt. Doch daß ein Fremder zu mir kam, den man selbst den Fremdling stets zu nennen pflegt - mußt' das nicht ein Zeichen sein? Endlich, so redete ich mir ein, werd' ich ihn finden, den ich so lang gesucht, den ich wie nichts ersehnt: einen, vom Fluch des Schicksals schwerer noch belastet als ich es bin, einen, unglücklicher als ich selbst und darum nur zu gern bereit, sein Los mit meinem zu vertauschen, bereit in Hinkunft meinen Platz zu übernehmen ...
War er nicht darum nun bei uns erschienen, der Gast, der aus der Kälte kam? So wollt' er meiner Seele Frieden geben, wie wir ihm Nahrung und Quartier gegeben, den Whiskey nicht zu vergessen, wenngleich mein Neffe da, ich muß es wohl gestehn, ein wenig knaus'rig ist ...
Dann sah ich Euren Brief. Der Schreck war groß. Ihr spracht von einem Künstler, einem Phantasten gar. Da ließ ich alle Hoffnung fahren. Nein, da war kein Tausch zu machen. Das Unglück, das mich quälte, für die Phantasten ist's Erquickung, Labsal, tägliches Gericht, so unersetzlich wie der Whiskey ...
Seit altersher ist's ja das Unglück unsres Menschengeschlechts, von dem die, die man Phantasten nennt, sich nähren, wie Ihr, mein Graf, von Blut und Wein ...
Und es mag darum sein, daß sie das Unglück gern beim

Schwanze packen wollen, die Menschen seiner ledig werden lassend ...
Ja, Euer Bremer, er war hier, doch wie wenig hab ich ihn fassen können ... Ich möcht ihn nicht gesprächig nennen, wenngleich er manches zu erzählen hätte. Stets sah ich ihn gebeugt über Papiere und Platten hocken, den Blick gewendet, als wär er gar nicht hier. Und nachts, wenn er wohl meinte, daß wir schliefen, da brach er auf, hinaus in die galaktischen Systeme, oder zurück zu den Mysterien von Atlantis - sie sind ihm alle wohl vertraut. Ich glaub', ich hab ihn recht verstanden, auch wenn ich ihm nur selten wirklich folgen konnte. Drei Gründe gibt's zu reisen, - der erste ist das klüger werden wollen, unsre Sucht zu suchen, nennt's Neugier, Wissensdrang, Erkenntnistheorie, ganz wie Ihr wollt ... Der zweite heißt: Entfliehen. Uns selbst zu fliehen, irren ewig wir herum.
Wo das bestimmt ist, weiß ich nicht zu sagen, mag's in den Sternen stehen: unser Wissensdrang ist Sünde, Schuld, verlangt nach Strafe. Von Anbeginn galt das Verbot, das uns beschränkt, es war am Anfang aller Dinge. So sind wir Suchende mit Schuld geschlagen, die einst das Schicksal grausam hat auf uns geladen ...
Führt also schon der erste Grund zur Schuld, so ist das weitere damit vorbestimmt. Der zweite Grund all unsrer Reisen, er folgt aus dieser Schuld: sie ist es die wir fliehen wollen und der wir niemals doch entkommen können, wir schleppen sie mit uns herum ...
Und wollt' Ihr noch den dritten wissen? Es ist die Hoffnung, die Aussicht, am Ende doch ein fühlend Wesen irgendwo zu treffen, das uns dann erlöst ... Ein fühlend Wesen! Doch das zu finden ist das schwerste, es übersteigt des Menschen Möglichkeiten! Das sagt Euch Melmoth, lieber Dracula. Drum nennt ruhig Wahnsinn diese Hoffnung - sie bleibt ein Grund zu reisen.
Doch gibt's noch einen vierten Grund, den ich bisher noch nicht gekannt. Der Uwe Bremer hat ihn mich gelehrt. Es ist die Lust. Die reine Lust am Reisen, schwerelos zu folgen den Wegen der Gedanken, unterwegs zu sein schneller als das Licht ... die Freude am Entdekken, am großen Spiel, am Abenteuer. Es wär nicht Schuld, nicht Flucht, kein Unglück zög' ihn da hinauf - er sagte mir, er wäre gern da oben und trieb aus freien Stücken sich oft herum im Haar der Berenice und mit den Venusierinnen ... Verbote kennt er nicht und möcht' mit keinem tauschen ...
Ich hätt' ihn liebend gern einmal hinauf begleitet, wär an diesen alten Planeten ich nicht gefesselt ... Ich konnt' ihn jetzt nicht länger halten auf der Lodge. So ließ ich ihn ziehn auf seine Umlaufbahnen, um eine Hoffnung ärmer, ein Trugbild reicher ... Dieses freilich soll mir niemand nehmen.
Ach könnt' ich, sind mir die Himmel der Galaxis und Andromeda auch verwehrt, wenigstens ruhn wie Ihr in Eurem finsteren Gewölb, mein teurer Graf. Doch nicht mal dieses ist vergönnt

Eurem unseligen Melmoth, dem Wanderer

An der irischen Küste
Ende November 19...

Verehrter Doktor Frankenstein,
seit Draculas Gast der meine ist, habt Ihr von mir nichts mehr vernommen. Seid unbesorgt - soviel sich hier ereignet hat, ich bin noch ganz der alte. Gewiß, dieser Bremer hat weiter fleißig seine Monster, Mondgeburten und Homunculi in die Welt gesetzt, wie Ihr's vorausgesehen. Das war nicht aufzuhalten. Doch was kann Euch noch erschrecken?
Nun ist er wieder unterwegs - zu Vathek sagt er, dem Kalifen, den er ja kennt, den Palast im Morgenland zu wechseln für eine Weile gegen meine nebelverhangene Hütte hier im kalten Norden. Ich kann's ihm nicht verdenken. Doch mag ich für sein Ziel nicht garantieren. Ihr wißt ja selbst wie oft sich's dieser Sternenritter, Milchstraßenwärter und Zeitreisende schon anders hatte überlegt ... Doch solltet Ihr, verehrter Doktor, dem Kalifen zeitig Nachricht geben, so Ihr meint, die Monstren, deren Skizzen er besitzt, hätten des Unheils jetzt bereits genug gestiftet.
Ich selber hab mich damit abgefunden, daß er in Schrift und Zeichen unser Wesen und das von unseresgleichen überallhin hat bekanntgemacht. Mein Trost ist - es werden doch nur die auch wirklich sie zu lesen wissen, die nächtlichen Geistes sind wie wir.
In diesem Sinne ruhlos der Eure stets

Melmoth

Der Verfasser:

Dem kräftigen Mädchen, dem die junge Mutter am 16. Februar 1940 im thüringischen Bischleben das Leben schenkte, folgte, von der Gebärenden unerwartet, nach 15 Minuten ein zarter Bube: unser Verf.

Die ersten 9 Jahre widmete er dem Studium der heimischen Natur sowie ersten Mal- und Schreibversuchen.

Vom Schicksal 1950 nach Berlin verschlagen, wurde lustlos die begonnene schulische Ausbildung fortgesetzt und staunend mit der westlichen Lebensart Bekanntschaft gemacht.

1951 verließ man die Metropole und begab sich ins feuchtkalte Klima der Hansestadt Hamburg. Dort, nach dem vorzeitigen Ende einer verregneten Schulzeit, beschloß der Verf., Kunstmaler zu werden.

Ein ungeliebtes Studium, ein einsamer Aufenthalt in der unwirtlichen Tiefe der schwedischen Wälder, wo sich der Verf. der Erforschung der Wildnis und der in ihr lebenden Arten widmete, während er sich das Nötigste durch das Fällen von Bäumen erwarb, sowie zahlreiche anderweitige Abenteuer und Fährnisse mußten bestanden werden, bevor er – an Leib und Seele gleichermaßen gestählt – seine Schritte wieder nach Berlin lenkte.

Hier begegnete ihm 1963 ein dicker Mann, der im Begriffe war, zusammen mit drei Kumpanen eine Druckwerkstatt zu gründen. Diese Gemeinschaft, zu der bald auch der Verf. gehörte und die den Namen „Werkstatt Rixdorfer Drucke" trug, sollte im folgenden Wesentliches zum Kulturleben der Republik sowie zum wirtschaftlichen Wohlergehn wahlloser Wirtsleute beitragen.

Es entstanden zahlreiche Holzschnitte, und der Verf., der inzwischen Eigner einer Radierpresse geworden war, übte sich – nicht ohne Erfolg – auch in dieser Kunst.

1973 vergrub er sich im niedersächsischen Gümse, umgab sich mit allerlei Getier sowie seinen engsten Angehörigen (er hatte längst eine Familie gegründet) und begann in dieser idyllischen Umgebung seine schwarze Bildwelt zu zelebrieren.

Vielfältige Ölbilder, Radierungen, Aquarelle, Skulpturen und dergleichen Kunststücke sowie Mappen- und Buchwerke legen Zeugnis ab von einer Tätigkeit, die auch in mancher Ausstellung gewürdigt wurde.

Ausstellungen seit 1963 u. a.:

Ladengalerie, Berlin; Galerie Löhr, Frankfurt; Galerie Hammer, Berlin; Overbeck Gesellschaft, Lübeck; Galerie miniature, Berlin; Galerie Kress, München; Galerie Prisma, Kopenhagen; Holstebro Kunstmuseum; Galerie Moderne, Silkeborg; Galerie Leger, Malmö; Galerie „die insel", Worpswede; Kunstverein Braunschweig; Galerie 2000, Berlin; Galerie Steinrötter, Münster; Galerie Schmücking, Braunschweig und Basel; Galerie Niedlich, Stuttgart; Galerie Brockstedt, Hamburg; Galerie Niepel, Düsseldorf; Galerie Vonderbank, Frankfurt; Galerie Nickel, Nürnberg; Galerie Hartmann, München; De bla Galeri, Oslo; Krakeslätt Galeri, Bromölla; Kestner Gesellschaft, Hannover; Rosenbach, Hannover; Goethe Institut, New York und Paris; Galerie Hilger, Wien; Gallery of Grafic Art, New York; Galerie Schäfer, Gießen; Galerie Karlchen, Kampen; Galerie Birn, Paris; Galerie Infeld, Wien; Oldenburger Stadtmuseum; Kunstverein Salzgitter; Rupertinum, Salzburg; Kulturhaus, Graz.

Mappenwerke:

1965 „Briefwechsel Frankenstein", 1966 „Striptease", 1967 „Curiosa der Galaxis", 1968 „Die Philosophie im Boudoir", Merlin Verlag; „Der Mensch", Verlag Kress, München; 1970 „Vierte Dimension", Verlag „die insel", Worpswede; 1972 „Dracula et cetera", Verlag Rosenbach, Hannover; „De Mutantis", Verlag Galerie Brockstedt, Hamburg; 1974 „Paraphrasen", Verlag Galerie Rosenbach, Hannover; 1976 „Atlantis", Verlag Galerie Schmücking, Braunschweig; 1976 „Die Heimholung des Hammers", Galerie Hilger, Wien; 1979 „Die schwarze Kunst", Galerie Brockstedt, Hamburg; 1982 „1ste Sonnencyclopaedie", Verlag Hilger, Wien.

Bücher:

1964 „Auf der Suche nach Dracula", Rixdorfer Drucke; 1966 „Dracula, Dracula, ein transsylvanisches Abenteuer", Text H.C. Artmann, Rainer Verlag; 1970 „Vierte Dimension", Merlin Verlag; 1973 Werkverzeichnis der Radierungen, Kestner Gesellschaft, Hannover; 1976 „Atlantis", Verlag Galerie Schmücking, Braunschweig; 1980 „Die lüsternen Schwestern", Arethusa Verlag, Hamburg; 1981 „Erlkönigs Tochter", Merlin Verlag.

Sowie zahlreiche Erscheinungen innerhalb der „Werkstatt Rixdorfer Drucke".

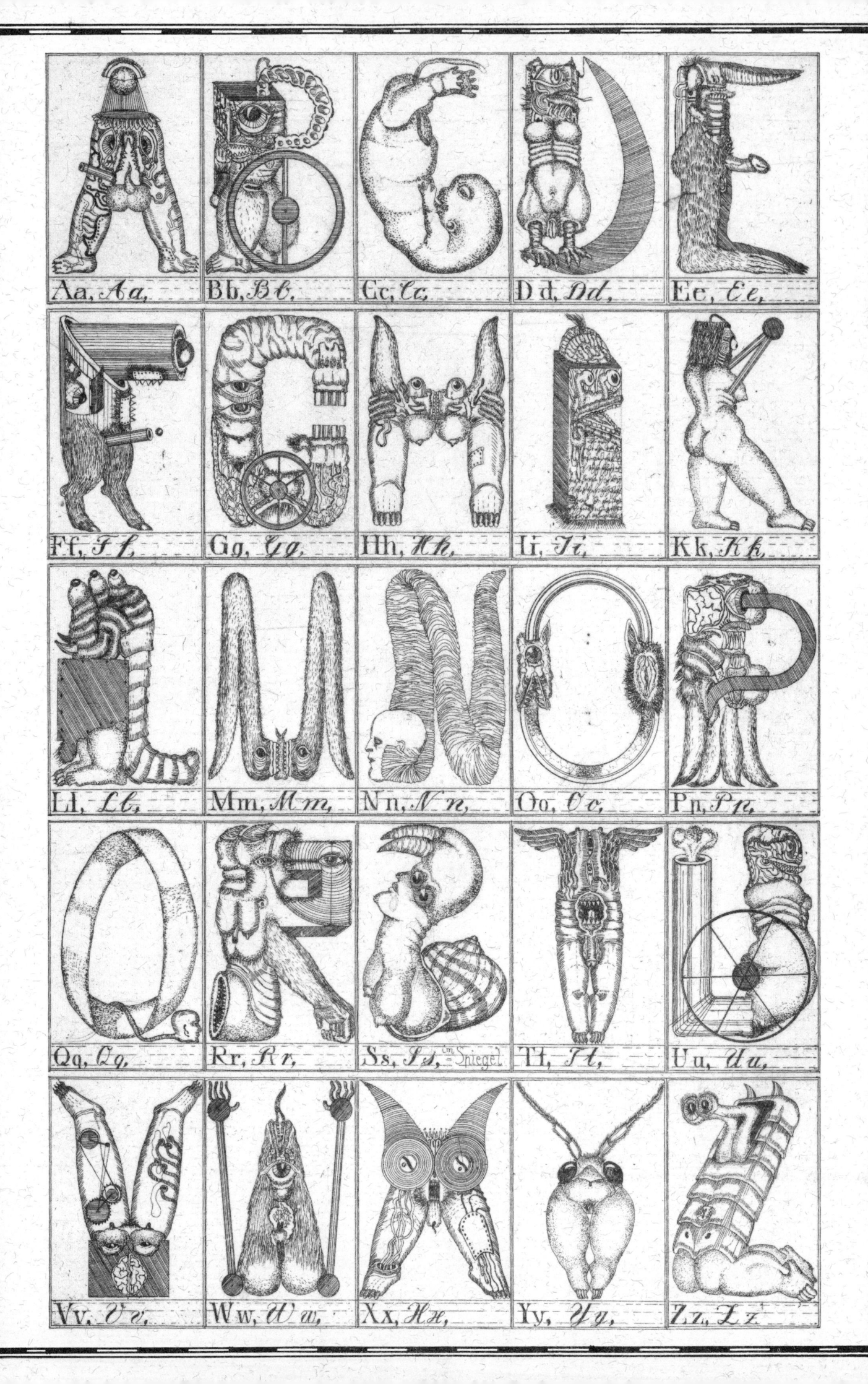

Aa, *Aa,*	Bb, *Bb,*	Cc, *Cc,*	Dd, *Dd,*	Ee, *Ee,*
Ff, *Ff,*	Gg, *Gg,*	Hh, *Hh,*	Ii, *Ii,*	Kk, *Kk,*
Ll, *Ll,*	Mm, *Mm,*	Nn, *Nn,*	Oo, *Oo,*	Pp, *Pp,*
Qq, *Qq,*	Rr, *Rr,*	Ss, *Ss,* im Spiegel	Tt, *Tt,*	Uu, *Uu,*
Vv, *Vv,*	Ww, *Ww,*	Xx, *Xx,*	Yy, *Yy,*	Zz, *Zz,*